Regenerative Energiequellen

Springer

Berlin
Heidelberg
New York
Barcelona
Budapest
Hongkong
London
Mailand
Paris
Santa Clara
Singapur
Tokio

Michael Meliß (Hrsg.)

Regenerative Energiequellen

Praktikum

Mit 94 Abbildungen

 Springer

Professor Dr.-Ing. Michael Meliß
Fachhochschule Aachen
Abteilung Jülich
Energie- und Umweltschutztechnik,
Kerntechnik
Ginsterweg 1
52428 Jülich

ISBN 3-540-63218-2 Springer-Verlag Berlin Heidelberg New York

Die Deutsche Bibliothek - Cip-Einheitsaufnahme
Regenerative Energiequellen: Praktikum / Hrsg.: Michael Meliss. -
Berlin; Heidelberg; New York; Barcelona; Budapest; Hongkong;
London; Mailand; Paris; Santa Clara; Singapur; Tokio: Springer, 1997
 ISBN 3-540-63218-2

Einbandgestaltung: Struve & Partner, Heidelberg
Herstellung: ProduServ GmbH Verlagsservice, Berlin
Satz: Reproduktionsfertige Vorlage des Herausgebers
SPIN: 10096281   60/3020 - 5 4 3 2 1 0 - Gedruckt auf säurefreiem Papier

Vorwort

Das im selben Verlag erschienene Lehrbuch „Regenerative Energiequellen" ist Skript einer gleichnamigen Vorlesung, die zu den Fachprüfungen des Studienschwerpunktes „Energie- und Umweltschutztechnik" gehört. Dieser auf dem allgemeinen Maschinenbau aufbauende Studienschwerpunkt erfreut sich seit seiner Errichtung im Jahre 1987 an der Fachhochschule Aachen in ihrer Abteilung Jülich zunehmenden Interesses von Studentinnen und Studenten.

Parallel zur genannten Vorlesung wird ein Solarpraktikum durchgeführt, das den Teilnehmern die selbständige praktische Erarbeitung des Stoffes ermöglichen soll.

Dieses Praktikum besteht zur Zeit aus 9 Versuchen, wird jedoch mit Hilfe von Diplom- und Praxissemesterarbeiten kontinuierlich ausgeweitet. Der mit diesem Buch vorgelegte Teil erstreckt sich über zwei Semester, von denen das erste die theoretischen Grundlagen der Versuche vertieft, das zweite dann der Durchführung der Praktika dient.

Zwei der Versuche werden im Forschungszentrum Jülich durchgeführt, die übrigen in der Fachhochschule.

Die von den einzelnen Autoren verfaßten Beiträge wurden von Herrn Dipl.-Ing. F. Späte sowie Herrn O. Stache redaktionell überarbeitet und an die Nomenklatur des oben genannten Lehrbuches angepaßt. Insbesondere enthält jeder Beitrag praktische Hinweise und Skizzen zum Versuchsaufbau, die die Übernahme solcher Versuche erleichtern. Mit beiden Büchern stehen damit alle Grundlagen für eine theoretische und praktische Einführung in das immer wichtiger werdende Themengebiet der regenerativen Energiequellen zur Verfügung.

Ich danke nicht nur den Autoren und ihren Mitarbeiterinnen und Mitarbeitern, die zum Gelingen des Buches beigetragen haben, sondern auch allen Studentinnen und Studenten, die es durch Anregungen und Kritik verbessert haben. Hier insbesondere Herrn D. Kakoschke, der die Versuche 1 und 2 maßgeblich mitgestaltet hat.

Mein besonderer Dank gilt der Arbeitsgemeinschaft Solar NRW, die nicht nur maßgeblich zum Aufbau des Solar-Institutes Jülich und damit zum schnellen Gelingen dieses Buches beigetragen, sondern auch die Elektrolyse- und Brennstoffzellenarbeiten in der KFA Jülich gefördert hat.

Jülich, im August 1997   M. Meliß

Thematik des Buches

Das Praktikumsbuch stellt eine Ergänzung zum gleichnamigen Lehrbuch (Mitautor: M. Kleemann) dar. Es enthält Anleitungen zur Durchführung von Versuchen zur Berechnung des Sonnenstandes und der Solareinstrahlung, zur Auslegung von solarthermischen Anlagen, zum Verständnis von Windenergiekonvertern, Solarzellen und Photovoltaik-Modulen, einschließlich der Untersuchung einer Photovoltaik-Hausversorgung, bis hin zu Versuchen zum Verständnis der Elektrolyse- und Brennstoffzelle und der Erzeugung von Alkohol und Biogas.

Da jeder Versuchsbeschreibung auch ein einführendes Grundlagenkapitel vorangestellt wird, ist das Praktikumsbuch für vorinformierte Leser auch ohne das Lehrbuch nutzbar.

Außer den Versuchen zur Elektrolyse- und Brennstoffzelle, wo größere apparative Aufwendungen erforderlich sind, können prinzipiell alle Versuche leicht an anderen Hochschulen, aber auch an Berufsbildenden Schulen, Allgemeinbildenden Schulen sowie Volkshochschulen mit Hilfe des Praktikumsbuches durchgeführt werden.

Zu jedem Versuch enthält das Buch eine Reihe von Verständnisfragen, die der Versuchsdurchführende selbständig beantworten sollte. Auch autodidaktisch ist eine Kontrolle seines Wissens durch die jeweils in den Anhängen enthaltenen Antworten zu diesen Fragestellungen möglich.

Der besondere Nutzen des Buches liegt in der Möglichkeit zur selbständigen Erarbeitung von Erkenntnissen und deren praktische Umsetzung an entsprechenden Versuchsaufbauten durch den Leser selbst.

Inhaltsverzeichnis

Verantwortliche
für Inhalt und Durchführung

Versuch 1:   Berechnung von Sonnenstand und -strahlung
             Prof. Dr.-Ing. M.Meliß;
             Dipl.-Ing. F. Späte, FB 7

Versuch 2:   Auslegung von solarthermischen Anlagen
             Prof. Dr.-Ing. M.Meliß;
             Dipl.-Ing. F. Späte, FB 7

Versuch 3:   Windenergiekonverter
             Dr.-Ing. A. Neskakis, SIJ;
             Dipl.-Ing. S. Arenz, SIJ
             Dipl.-Ing. S. Usbeck

Versuch 4:   I-U-Kennlinien von Solarzellen u. PV-Modulen
             Prof. Dr. H. Buck, FB 9;
             Dipl.-Ing. A. Cox

Versuch 5:   Elektrolyse
             Prof. Dr. H. Barthels;
             Dipl.-Ing. J. Mergel,
             KFA Jülich IEV

Versuch 6:   Brennstoffzelle
             Prof. Dr. B. Höhlein;
             Dipl.-Ing. R. Menzer,
             KFA Jülich IEV

Versuch 7:   PV-Hausversorgung
             Dr.-Ing. A. Neskakis, SIJ;
             Dipl.-Ing. U. Stecken, SIJ

Versuch 8:   Erzeugung von Alkohol
             Dr.-Ing. A. Neskakis, SIJ;
             Dipl.-Ing. L. Wagner, SIJ

Versuch 9:   Erzeugung von Biogas
             Dr.-Ing. A. Neskakis, SIJ;
             Dipl.-Ing. L. Wagner, SIJ

Verwendete Formelzeichen

a) Lateinische Buchstaben

Symbol	Erläuterungen	Einheiten
A	Elektrodenfläche	cm^2
A	bestrahlte Fläche	m^2
A	Skalierungsfaktor	
a	Azimutwinkel	Grad
A_G	PV-Generatorfläche	m^2
A_K	Kollektorfläche	m^2
A_n	Annuität	$1/a$
a_s	Sonnenazimutwinkel	Grad
A_{Sp}	Speicheroberfläche	m^2
b	Breitengrad	Grad
b	Zuschlagfaktor für den Solarteil des Speichers	
BK_e	eingesparte Brennstoffkosten des konventionellen Systems	DM/a
$BK_{e,n}$	eingesparte Brennstoffkosten im Jahr n	DM/a
$BK_{e,n-1}$	eingesparte Brennstoffkosten im Jahr n-1	DM/a
Bm_e	eingesparte Brennstoffmenge	kg/a
C_{erf}	erforderliche Kapazität des Akkumulators einer Inselanlage	Ah
C	Formparameter	
c	Anströmgeschwindigkeit	m/s
c	spez.Wärmekapazität von Wasser (1,16 Wh/kgK)	Wh/kgK
c_K	spez. Wärmekapazität des Wärmeträgers im Kollektor	Wh/kgK

c_p	theoretischer Wirkungsgrad	
c_w	Widerstandsbeiwert	
D_S	solare Deckungsrate	
E	Bestrahlungsstärke	W/m^2
E	Energie	J
E	Energiepreissteigerungsrate	%/a
E_g	Energielücke (gap-Energie)	J
E_{kin}	kinetische Energie	J
E_λ	spektrale Bestrahlungsstärke	W/m^2
e_o	Elementarladung	As
F	Faraday-Zahl	
f	Frequenz	s^{-1}
FF	Füllfaktor	
F_w	Windkraft	N
$\dot{G}_o$	Extraterrestrische Strahlung	W/m^2
$\dot{G}_D$	Direktstrahlung	W/m^2
$\dot{G}_{D,g}$	Direktstrahlung auf geneigte Flächen	W/m^2
$\dot{G}_{H,h}$	Himmelsstrahlung auf horizontale Flächen	W/m^2
$\dot{G}_{G,h}$	Globalstrahlung auf horizontale Flächen	W/m^2
$\dot{G}_{H,g}$	Himmelsstrahlung auf geneigte Flächen	W/m^2
$\dot{G}_R$	reflektierte Strahlung	W/m^2
$\dot{G}_G$	Globalstrahlung	W/m^2
$\dot{G}_H$	Himmelsstrahlung	W/m^2
GVE	Großvieheinheit	
H	Höhe der Atmosphäre	m
H	Brennwert	kJ/mol
h	Sonnenhöhenwinkel	Grad
h_i	relative Häufigkeit der Windgeschwindigkeitsklasse v_i	
H_u	unterer Heizwert	Wh/kg

I	elektrischer Strom	A
I_D	Diodenstrom	A
I_L	Belastungsstrom	A
I_{Ph}	Photostrom	A
I_S	Sperrstrom	A
I_{SC}	Kurzschlußstromstärke bei Solarzellen und -modulen	A
J	Tag des Jahres	
j	Inflationsrate	
K	Investitionskosten	DM/a
k	Proportionalitätsfaktor	
K_a	Jahreskosten	DM/a
k_B	Boltzmann-Konstante	Ws/grad
K_e	Kapitaleinsatz	DM
L	Elektrodenabstand	cm
m	optische Weglänge	m
m	Idealitätsfaktor	
m	Masse eines Körpers	kg
$\dot{m}_K$	Durchfluß im Kollektor	kg/h
$\dot{m}_N$	Durchfluß bei der Entnahme	kg/h
n	Neigungswinkel	Grad
n	Anzahl ausgetauschter Elektronen	
n	Drehzahl	s^{-1}
$\dot{n}$	Stoffmengenstrom	mol/s
n^*	Nutzungsdauer	a
NG	Nettogewinn oder -verlust	DM
P	Leistung des Generators	W
p	Druck	bar
p	Polpaarzahl	
P	abgegebene Leistung	W

P_{max}	Maximalleistung des Generators	W
P_N	Nutzleistung	W
P_{rev}	maximal mögliche Leistung der Brennstoffzelle	W
P_W	Windleistung	W
p_Z	Zinsfuß	%/a
$\dot{Q}_{in}$	zugeführte Leistung (Input)	W
$\dot{Q}_{N,A}$	Nutzleistung des Absorbers	W
$\dot{Q}_{V,K}$	thermische und optische Verluste des Kollektors	W
$\dot{Q}_N$	Verbrauch bzw. Bedarf	W
$\dot{Q}_{N,S}$	die vom System (Speicher) solar bereitgestellte Leistung	W
$\dot{Q}_{V,S}$	thermische Verluste des Speichers	W
$\dot{Q}_{aux}$	Leistung der Zusatzheizung	W
Q	Ladung (eines Kondensators)	As
q	Zinsfaktor	
q_B	Aufzinsungsfaktor für Betriebskosten	
q_E	Aufzinsungsfaktor für den Energiepreis	
q_j	Abzinsungsfaktor für das Bankguthaben	
Q_N	die im betrachteten Zeitraum entnommene Energie	Wh
$Q_{N,S}$	die vom System (Speicher) jährlich solar bereitgestellte Energie	Wh/a
q_Z	Aufzinsungsfaktor für das Bankguthaben	
r	Verdampfungswärme	J/kg
r	Radius	cm
R_E	Elektrolytwiderstand	Ω
R_i	Meßwiderstand für Stromstärke	Ω
R_L	Lastwiderstand	Ω
R_p	Parallelwiderstand	Ω
R_{pmax}	Lastwiderstand im Punkt maximaler Leistungsabgabe	Ω
R_s	Serienwiderstand	Ω

R_V	Verlustwiderstand	Ω
T	thermodynamische Temperatur	K
t	Zeit	s
t^*	Stundenwinkel	Grad
T_{A*}	Komponente der Auftriebskraft	N
T_{id}	idealisierte Zeitspanne zum Aufladen eines Kondensators	s
T_0	Brennstoffeintrittstemperatur in die Wärmekraftmaschine	K
T_R	Extinktionskoeffizient (Trübungsfaktor)	
T_u	Brennstoffaustrittstemperatur aus der Wärmekraftmaschine	K
U	Systemspannung einer Hausversorgung	V
u	Umfangsgeschwindigkeit	m/s
U_0	reversible Zellenspannung	V
U_C	Spannung am Kondensator	V
U_H	Hilfsspannung	V
U_{Kl}	Gleichspannung an den Elektrolyten-klemmen	V
U_L	Lastspannung	V
$U_{L,K}$	Mittlerer Wärmedurchgangskoeffizient des Kollektors	W/m^{2}K
$U_{L,Sp}$	Wärmedurchgangskoeffizient des Speichers	W/m^{2}K
U_{oc}	Leerlaufspannung bei Solarzellen und -modulen	V
U_T	Temperaturspannung	V
U_Z	Zersetzungsspannung des Wassers	V
U_{zth}	theoretische Zersetzungsspannung	V
v	Geschwindigkeit	m/s
v_i	Windgeschwindigkeitsklasse	m/s
V_{Sp}	Speichervolumen	m^3
v_W	Windgeschwindigkeit	m/s
W	täglicher Energiebedarf einer Hausversorgung	kWh

W_{rev}	reversible Reaktionsarbeit	J/mol
x	Koordinate	
x	Selbstentladung des Akkumulators	
Y	entnommene Lademenge	Ah
Z	umgesetzte Stoffmenge	mol
z_B	jährlicher Betriebskostensatz	%/a
Z_i	komplexer Innenwiderstand	Ω

b) Griechische Buchstaben

Symbol	Erläuterungen	Einheiten
δ	Deklination	Grad
ΔG	Differenz der freien Standardenthalpien zwischen Edukten und Produkten	J/mol
ΔH	Enthalpie des Energieträgers	J/mol
ϑ_A	mittlere Absorpertemperatur	°C
ϑ_e	Eintrittstemperatur des Wärmeträgers am Kollektor	°C
ϑ_{HW}	Temperatur des heißen Wassers	°C
ϑ_{KW}	Temperatur des kalten Wassers	°C
ϑ_o	Austrittstemperatur des Wärmeträgers am Kollektor	°C
$\vartheta_o - \vartheta_e$	Differenz zwischen Kollektoraus- und -eintrittstemperatur	°C
$\vartheta_{Sp,o}$	obere Speichertemperatur	°C
$\vartheta_{Sp,m}$	mittlere Speichertemperatur	°C
$\vartheta_{U,K}$	Umgebungstemperatur des Kollektors	°C
$\vartheta_{U,Sp}$	Umgebungstemperatur des Speichers	°C
ε	Korrekturfaktor	
η	Wirkungsgrad	
η_{el}	elektrischer Wirkungsgrad	
η_{Gas}	Gas-Wirkungsgrad	

η_{GL}	PV-Wirkungsgrad in Verbindung mit dem Laderegler	
η_K	Wirkungsgrad des Kollektors	
η_{konv}	Wirkungsgrad des konventionellen Systems	
η_{LE}	Lade-, Entladewirkungsgrad des Akkumulators	
η_{Pmax}	Wirkungsgrad bei maximaler Leistungsabgabe	
η_{sys}	Systemwirkungsgrad	
η_{WR}	Wirkungsgrad des Wechselrichters	
κ	elektrische Leitfähigkeit	$\Omega^{-1}cm^{-1}$
λ	Schnellaufzahl	
λ_g	der "gap-Energie" entsprechende Wellenlänge	μm
ξ	Abbremszahl	
ρ	Dichte	kg/m^3
ρ_B	Reflexionskoeffizient des Bodens	
ρ_B	spezifische Brennstoffkosten des konventionellen Energieträgers	DM/kg
ρ_W	Dichte von Wasser	kg/m^3
$\tau\alpha$	optischer Wirkungsgrad des Kollektors	
τ_{Ab}	Transmissionsfaktor der Gasabsorption	
τ_{MS}	Transmissionsfaktor der Mie-Streuung	
τ_{RS}	Transmissionsfaktor der Rayleigh-Streuung	
Φ	magnetischer Fluß	Vs
Φ	auf den Generator auftreffende Strahlungsleistung	W
ψ	Einfallswinkel	Grad
ψ_Z	Sonnenzenitwinkel	Grad
ω	Winkelgeschwindigkeit	s^{-1}

0 Einleitung

0.1 Ziel des Praktikums

Die Vorlesung „Regenerative Energiequellen" ist Bestandteil der Fachvorlesung höherer Semester im Studienschwerpunkt „Energie- und Umweltschutztechnik", der seit 1987 am Jülicher Standort der Fachhochschule Aachen angeboten wird. Das Skript zu dieser Vorlesung erschien erstmals 1988 und in einer zweiten Auflage 1993 im Springer Verlag.

In Ergänzung zur Vorlesung wird ein Solarpraktikum angeboten, das den Teilnehmern einen unmittelbaren Praxisbezug zu den Vorlesungsinhalten ermöglichen soll und diese auch ergänzt.

Wie andere Praktika soll es insbesondere auch Kenntnisse und Fertigkeiten auf folgenden Gebieten vermitteln und vertiefen:

- Experimentiermethoden
- Auswerten von und kritischer Umgang mit Meßergebnissen
- Führen von Versuchsprotokollen
- Abfassen von Berichten über Experimente.

0.2 Allgemeine Hinweise

Als Vorbereitung auf das Praktikum wird im vorhergehenden Semester die Lehrveranstaltung „Einführung in das Solarpraktikum" angeboten. Sie ist erforderlich, weil das breite Spektrum des für das Praktikum erforderlichen Grundwissens nicht oder nur ungenügend durch die laufenden Lehrveranstaltungen abgedeckt werden kann.

In dieser Lehrveranstaltung führt jeder Versuchsverantwortliche in Theorie und Ablauf des Versuches ein und ermöglicht damit den Studenten eine erfolgreiche Durchführung des Praktikums. Die Lehrveranstaltung schließt mit einer Klausur ab, deren erfolgreiches Bestehen Voraussetzung für die Teilnahme am Praktikum ist. Außerdem muß jeder Praktikumsteilnehmer durch Unterschrift die Kenntnisnahme der Laborordnung (siehe 0.3) bestätigen.

Das Praktikum wird in Gruppen von 2 bis 4 Studentinnen bzw. Studenten durchgeführt.

Während der Durchführung muß von jeder Gruppe ein Meßprotokoll erstellt werden, in welchem alle für den jeweiligen Versuch relevanten Daten wie z.B. Bezeichnung des Versuchs, Datum, Namen der Teilnehmer, Skizze des Ver-

suchsaufbaus, Aufzählung der verwendeten Apparate ggf. mit Kenndaten, Meß-
ergebnisse, sonstige Vorkommnisse usw. festgehalten werden. Als einheitliches
Deckblatt für das Meßprotokoll und den später anzufertigenden Bericht wird das
Formular nach Abb. 0.1 ausgefüllt.

Spätestens 14 Tage nach Beendigung eines Versuchs ist ein Bericht über den
Versuch zu erstellen. Voraussetzung für die Entgegennahme eines Berichtes ist
das Vortestat. Der Versuchsbericht soll in knapper übersichtlicher Form enthalten:

- Versuchsziel
- Beschreibung der Messungen
- Auswertung, d.h. u. a. Aufführen von Gleichungen und Meßergebnissen.
  Jedes Meßergebnis ist unsicher. Es ist daher unabdingbar, daß für jedes
  (End-) Ergebnis die Unsicherheit abgeschätzt und im Bericht zu jedem (End-)
  Ergebnis die abgeschätzte Unsicherheit mitgeteilt wird (vgl. DIN 1333 Zah-
  lenangaben).
- Eventuell graphische Darstellungen
- Kritische Diskussion der Ergebnisse (wie ist die Übereinstimmung zwischen
  den eigenen Ergebnissen und den begründeten Erwartungen?).

Als Anlage muß das Originalmeßprotokoll beigefügt werden.

Es kann zu den jeweiligen Versuchen eine Nachbesprechung erfolgen, in der
die Teilnehmer über den Versuch in Seminarform berichten.

0.3 Laborordnung

Zur ordnungsgemäßen und unfallfreien Durchführung des Praktikums sind von
jedem Teilnehmer folgende Punkte zu beachten:

- Das Laboratorium darf nur in Anwesenheit des das Praktikum leitenden Pro-
  fessors oder Labor-Ingenieurs betreten werden. Das Betreten anderer als für
  das Praktikum vorgesehener Räume ist wegen der damit evtl. verbundenen
  Unfallgefahr verboten.
- Maschinen, Geräte und Versuchseinrichtungen dürfen nur durch den betreu-
  enden Professor oder Labor-Ingenieur in Betrieb gesetzt werden. Der Auf-,
  Um- und Abbau von Schaltungen darf nur im spannungslosen Zustand erfolgen. Für die durch Nichtbeachtung oder durch grob fahrlässiges Verhalten
  entstehenden Unfälle oder Schäden haftet der Verursacher.
- *Bei einem elektrischen Unfall ist sofort das Netz abzuschalten.*
- Jedes Entfernen von Schutzeinrichtungen an Maschinen, Geräten und elektrischen Einrichtungen ist verboten.
- Feuerlöscher, Not-Aus-Taster und ähnliche sicherheitstechnische Einrichtungen müssen zu jeder Zeit sofort erreichbar sein. Sie dürfen nicht durch Klei-
  dungsstücke oder sonstige Gegenstände verdeckt werden.
- *Rauchen* und offenes Feuer in den Laboratorien ist streng *verboten.*

Fachhochschule Aachen Abteilung Jülich Solarinstitut	**SOLARPRAKTIKUM**	
Versuchsbezeichnung: Gruppennummer: Studiengang/-richtung:	Versuchstag:	
Name:	Vorname:	Matrikel-Nr:
Vortestat: Endtestat:	Datum:	Signum:
Anmerkungen:		

Abb. 0.1 Deckblatt für Meßprotokoll und Bericht

- Wenn mit Säuren und/oder Laugen gearbeitet wird, müssen eine Schutzbrille und Schutzhandschuhe getragen werden. Ein Schutzkittel wird dringend empfohlen.
- Das Labor ist nach Beendigung des Versuchs unverzüglich und in ordnungsgemäßem, sauberem Zustand zu verlassen.
- Jeder Student ist verpflichtet, die einschlägigen Sicherheits- und Unfallverhütungsvorschriften zu beachten.
- Unfälle (auch kleine Verletzungen) sind sofort einer Aufsichtsperson zu melden.
- *Notruf: 0-110*

Falls weitergehende Sicherheitsvorschriften in den einzelnen Versuchsanleitungen erwähnt sind, sind diese unbedingt einzuhalten.

1 Berechnung von Sonnenstand und -strahlung

M. Meliß und F. Späte

1.1 Versuchsziel

Berechnung der Solareinstrahlung auf ein Haus und Vergleich mit dem Energiebedarf des Hauses.

1.2 Einige Grundlagen

1.2.1 Extraterrestrische Strahlung $\dot{G}_0$ (Solarkonstante)

Die Intensität der Sonnenstrahlung oberhalb der Erdatmosphäre (extraterrestrische Strahlung/Air Mass = 0) kann man theoretisch mit Hilfe des Stefan-Boltzmann-Gesetzes berechnen. Allerdings ergibt sich eine jahreszeitliche Schwankung aufgrund des sich ändernden Abstandes Erde-Sonne, die in das Stefan-Boltzmann-Gesetz nicht eingeht. Daher wurde die extraterrestrische Strahlung als Funktion der Jahreszeit vom Deutschen Wetterdienst (DWD) empirisch ermittelt [1.1]:

$$\dot{G}_0 = \overline{\dot{G}}_0 (1 + 0{,}0334 \cdot \cos x) \qquad (1.1)$$

$$x = 0{,}9856^\circ \, J - 2{,}72^\circ \qquad (1.2)$$

$$\overline{\dot{G}}_0 \;\; = \;\; 1367 \, \text{W/m}^2 \quad \text{(mittlere Solarkonstante)}$$

J: Tag des Jahres, $\quad x$: Koordinate

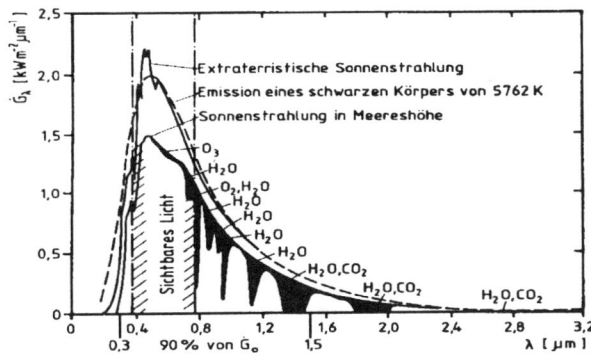

Abb. 1.1 Das Spektrum der Solarstrahlung [1.1]

1.2.2 Strahlendurchgang durch die Atmosphäre

Beim Durchgang durch die Atmosphäre erfolgt durch Absorptions- und Streuef-
fekte eine Schwächung (Extinktion) der Strahlung. Bei den Streuvorgängen un-
terscheidet man die Rayleigh-Streuung (Streuung an Teilchen, deren Durchmesser wesentlich kleiner als die Wellenlänge des einfallenden Lichtes ist, d.h. an
den Atomen oder Molekülen der Luft) und die Mie-Streuung (Streuung an
Staub-und Verunreinigungsteilchen in der Atmosphäre, deren Durchmesser mindestens gleich der Wellenlänge der Solarstrahlung ist).

Absorptionsvorgänge spielen sich in allen Schichten der Atmosphäre ab. Dafür verantwortlich sind die Gase

- Ozon, in der oberen Schicht der Atmosphäre, der Stratosphäre (Stichwort
  „Ozonloch"),
- Sauerstoff,
- Wasserdampf, der zum überwiegenden Teil (ca.78%) an der Absorption be-
  teiligt ist und - mit zunehmender Bedeutung-
- Kohlendioxid, das im wesentlichen im langwelligen Bereich absorbiert
  (Stichwort „Treibhauseffekt").

In Abb. 1.1 und 1.2 ist die Extinktion der Strahlung über das gesamte Spektrum
dargestellt.

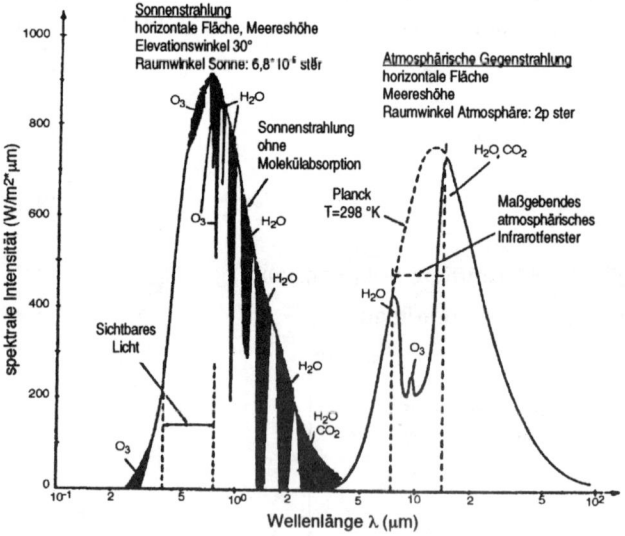

Abb. 1.2 Vergleich der gemessenen spektralen Intensität der Sonneneinstrahlung und der atmo-
sphärischen Gegenstrahlung auf eine horizontale Ebene bei klarem Wetter. Ebenso wie die Solarstrahlung unterliegt die atmosphärische Gegenstrahlung zahlreichen Einflußfaktoren. Die
aufgeführten Spektren gelten für Meereshöhe und eine Lufttemperatur von 25 °C. Die gestri-
chelte Kuve rechts stellt die thermische Emission einer schwarzen Fläche bei 298 K dar [1.5].

Die Extinktion wird mit Hilfe des allgemeinen Transmissionsgesetzes mathematisch beschrieben:

$$\dot{G}_D = \dot{G}_o \exp(-T_R \cdot m \cdot \varepsilon) \tag{1.3}$$

$\dot{G}_D$ [W/m^2] Terrestrische bzw. Direktstrahlung

$\dot{G}_o$ [W/m^2] Extraterrestrische Strahlung (vgl. Gl. (1.1))

T_R [1/m] Extinktionskoeffizient, auch als Trübungsfaktor bezeichnet

m [m] optische Weglänge (siehe 1.2.4)

ε Korrekturfaktor .

1.2.3 Trübungsfaktor (T_R)

Die Absorptions- und Streuverluste werden in einem Trübungsfaktor zusammengefaßt. In Abhängigkeit von den Transmissionsfaktoren gilt für den Trübungsfaktor [1.1]:

$$T_R = 1 + (\ln \tau_{MS} + \ln \tau_{Ab})/\ln \tau_{RS} \tag{1.4}$$

τ_{MS} Transmissionsfaktor der Mie-Streuung

τ_{Ab} Transmissionsfaktor der Gasabsorption

τ_{RS} Transmissionsfaktor der Rayleigh-Streuung.

In Tabelle 1.1 sind die über mehrere Jahrzehnte gemessenen mittleren Trübungsfaktoren für die einzelnen Monate des Jahres aufgeführt.

Tabelle 1.1 Trübungsfaktoren

Gebiet	Jan.	Febr.	März	Apr.	Mai	Juni
Hochgebirge	1,8	1,9	2,1	2,2	2,4	2,7
Flachland	2,1	2,2	2,5	2,9	3,2	3,4
Stadt	3,1	3,2	3,5	3,9	4,1	4,2

Gebiet	Juli	Aug.	Sept.	Okt.	Nov.	Dez.	T_{Rm}
Hochgebirge	2,7	2,7	2,5	2,1	1,9	1,8	2,15
Flachland	3,5	3,3	2,9	2,6	2,3	2,2	2,76
Stadt	4,3	4,2	3,9	3,6	3,3	3,1	3,70

1.2.4 Optische Weglänge/Air Mass

In Abb. 1.3 ist der Strahlendurchgang durch eine idealisierte, planparallele Atmosphäre konstanter Dichte dargestellt. Der Strahlenweg durch die Atmosphäre wird als optische Weglänge m bezeichnet. Je länger dieser Strahlenweg wird, desto größer ist die Extinktion.

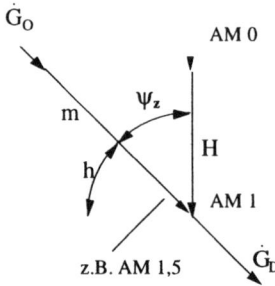

Abb. 1.3 Strahlendurchgang durch eine idealisierte, planparallele Atmosphäre konstanter Dichte

Es gilt:

$$m = \frac{H}{\sin h}$$ (1.5)

m [m]   optische Weglänge
H [m]   Höhe (Dicke) der Atmosphäre
h Sonnenhöhenwinkel .

In diesem Zusammenhang wird häufig die dimensionslose Größe „Air Mass" verwendet. Die Air Mass (AM) ist definiert als das Verhältnis von optischer Weglänge zur Dicke der Atmosphäre, also

$$AM = m \, / \, H .$$ (1.6)

Außerhalb der Erdatmosphäre spricht man von AM-0-Bedingungen, beim senkrechten Strahlendurchgang durch die Atmosphäre auf Meereshöhe von AM-1-Bedingungen. Die Air Mass wird u.a. zur Definition von Testbedingungen verwendet und daher bei Testergebnissen in der Regel angegeben. Da in mitteleuropäischen Breiten keine AM-1-Bedingungen vorliegen, hat man als Standardtestbedingung AM 1,5 festgelegt. Dieser Wert sagt aus, daß die optische Weglänge durch die Atmosphäre 1,5 mal so lang wie die Atmosphäre hoch (dick) ist und entspricht einem Sonnenhöhenwinkel von 41,8°.

1.2.5 Terrestrische Strahlung (Direktstrahlung) $\dot{G}_D$

Für die obigen Ausführungen wurden mehrere idealisierte Annahmen getroffen, wie z.B. konstante Dichte in der Atmosphäre, planparallele Atmosphäre usw. Außerdem sind auch die Streu- und Absorptionsvorgänge Schwankungen unterworfen. All dies berücksichtigt folgende empirische Gleichung, mit der die Direktstrahlung auf der Erdoberfläche beschrieben werden kann:

$$\dot{G}_D = \dot{G}_o \left(-\frac{T_R}{0{,}9 + 9{,}4 \sin h} \right) \qquad (1.7)$$

$\dot{G}_D$	[W/m²]	Terrestrische bzw. Direktstrahlung
$\dot{G}_o$	[W/m²]	Extraterrestrische Strahlung
T_R		Trübungsfaktor der Atmosphäre
h		Sonnenhöhenwinkel .

1.2.6 Winkelverhältnisse

Bei den bisherigen Betrachtungen wurde von einer Empfangsfläche senkrecht zur Einstrahlung ausgegangen. Um die Solarstrahlung auf eine beliebig orientierte und geneigte Empfangsfläche an einem beliebigen Punkt auf der Erdoberfläche zu berechnen, muß man den Einfallswinkel ψ bestimmen. Dieser ist sowohl tages- als auch jahreszeitlichen Schwankungen unterworfen und wird mit Hilfe verschiedener Winkel beschrieben. Die geometrischen Verhältnisse sind in Abb. 1.4 dargestellt.

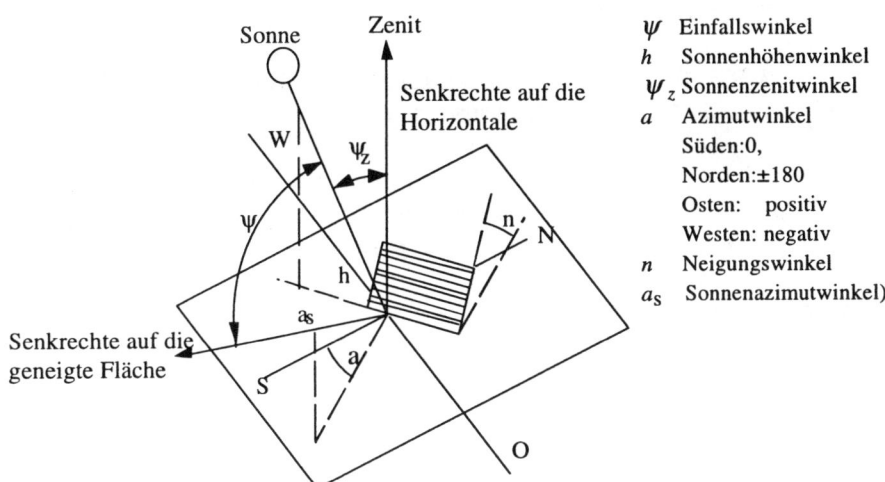

Abb. 1.4 Winkelverhältnisse an einer beliebig orientierten und geneigten Fläche

Einfallswinkel ψ

Für den Einfallswinkel gilt nach [1.5]

$$\cos \psi = \sin h \cdot \cos n + \cos h \cdot \sin n \cdot \cos (a - a_S) . \qquad (1.8)$$

Spezialfälle:

Horizontale Fläche: $n = 0$ $\cos \psi = \sin h$

Vertikale Fläche: $n = 90^{\circ}$ $\cos \psi = \cos h \cdot \cos (a - a_s)$.

Der Einfallswinkel hängt ganz entscheidend ab:
- vom betrachteten Ort (beschrieben durch Längen- und Breitengrad),
- von der Jahreszeit (beschrieben durch den Deklinationswinkel)
- und der Tageszeit (beschrieben durch den Stundenwinkel).

Diese gehen in folgende Beziehungen für den Sonnenhöhenwinkel und den Sonnenazimutwinkel ein [1.5]:

Sonnenhöhenwinkel h

Für den Sonnenhöhenwinkel gilt:

$$\begin{aligned} \sin h &= \sin \delta \cdot \sin b + \cos \delta \cdot \cos b \cdot \cos t^* \\ &= \cos \psi_z \end{aligned} \tag{1.9}$$

δ [Grad]   Deklination, Winkel zwischen Sonne bei Sonnenhöchststand und Äquatorebene (Nord: positiv)

t^* [Grad]   Stundenwinkel   vormittags: positiv nachmittags: negativ

b [Grad]   Breitengrad (Nord: positiv)

Dabei gilt für den Sonnenzenitwinkel ψ_z:

$$\psi_z = 90^{\circ} - h \tag{1.10}$$

Sonnenazimutwinkel a_s

Für den Sonnenazimutwinkel gilt:

$$\cos |a_s| = (\sin h \cdot \sin b - \sin \delta) / (\cos h \cdot \cos b) \tag{1.11}$$

vormittags: positiv   nachmittags: negativ .

Für jeden angegebenen Tag läßt sich die Zeit von Sonnenauf- und Sonnenuntergang mit Gleichung (1.9) durch Einsetzen von $h = 0$ berechnen.

Deklination δ

Die Deklination wird durch folgende empirische Gleichung bestimmt [1.1]:

$$\sin \delta = 0{,}3978 \cdot \sin (x\text{-}77{,}51^\circ + 1{,}92^\circ \cdot \sin x) \tag{1.12}$$

x Koordinate (siehe Gl. (1.2)) .

Stundenwinkel t^*

Der Stundenwinkel wird durch folgende Beziehung beschrieben:

$$t^* = (12h - \text{WOZ}) \cdot 15^\circ/h \tag{1.13}$$

h Stunden
WOZ Sonnenzeit (wahre Ortszeit).

Die WOZ weicht je nach Lage des betreffenden Ortes und der Jahreszeit erheblich von der gesetzlich geregelten Ortszeit (in Jülich Mitteleuropäische Zeit bzw. Mitteleuropäische Sommerzeit) ab. Die entsprechende Korrektur findet sich in [1.1], ist jedoch für den vorliegenden Versuch nicht notwendig, da alle Zeiten als wahre Ortszeiten angegeben werden.

1.2.7 Einstrahlung

Direkte Strahlung $\dot{G}_{D,g}$ auf eine beliebig geneigte und orientierte Fläche

Die direkte Strahlung auf eine beliebig geneigte und orientierte Fläche an einem beliebigen Punkt auf der Erdoberfläche ergibt sich nun unter Einbeziehung des Einfallswinkels zu:

$$\dot{G}_{D,g} = \dot{G}_D \cdot \cos \psi \tag{1.14}$$

$\dot{G}_{D,g}$ [W/m^2]   Direkte Strahlung auf eine beliebig orientierte und geneigte Fläche.

Diffuse Strahlung - Himmelsstrahlung $\dot{G}_H$

Die diffuse Strahlung oder Himmelsstrahlung wird durch die oben beschriebenen Streuvorgänge in der Atmosphäre erzeugt und mit folgenden empirischen Gleichungen beschrieben:
Auf eine horizontale Fläche [1.5] (in W/m^2):

$$\dot{G}_{\mathrm{H,h}} = 1/3\,(\dot{G}_{\mathrm{o}} - \dot{G}_{\mathrm{D}})\cdot \sin h \tag{1.15}$$

Auf eine beliebig orientierte und geneigte Fläche [1.1] (in W/m^2):

$$\dot{G}_{\mathrm{H,g}} = \dot{G}_{\mathrm{H,h}} \left[\frac{\dot{G}_{\mathrm{D,g}}\cos\psi}{\dot{G}_{\mathrm{o}}} + \left(1 - \frac{\dot{G}_{\mathrm{D,g}}}{\dot{G}_{\mathrm{o}}} \right)\cos^2\left(\frac{n}{2}\right) \right] \tag{1.16}$$

$\dot{G}_{\mathrm{H,g}}$ [W/m^2]   Himmelsstrahlung auf eine beliebig geneigte und orientierte Fläche

Reflektierte Strahlung $\dot{G}_{\mathrm{R}}$

Der von der Erdoberfläche und u.U. umgebenden Gebäuden und Gegenständen reflektierte Strahlungsanteil wird durch folgende empirische Beziehung beschrieben [1.1]:

$$\dot{G}_{\mathrm{R}} = \rho_{\mathrm{B}} \cdot \dot{G}_{\mathrm{G,h}} \sin^2 \frac{n}{2} \tag{1.17}$$

$$\dot{G}_{\mathrm{G,h}} = \dot{G}_{\mathrm{D,h}} + \dot{G}_{\mathrm{H,h}} \tag{1.18}$$

ρ_{B} Reflexion des Bodens

$\dot{G}_{\mathrm{G,h}}$ [W/m^2]   Globalstrahlung auf eine horizontale Fläche.

Die Reflexion hängt stark von der Bodenbeschaffenheit bzw. der Umgebung ab.

Tabelle 1.2 Bodenreflexion ρ_{B} [1.5]

	Bodenreflexion ρ_{B}
Felder mit Schneebedeckung	0,61-0,73
offenes Wasser	0,16
Eis/schneebedecktes Wasser	0,68
Wohngebiete	0,21-0,45

Globalstrahlung (Gesamtstrahlung) $\dot{G}_{\mathrm{G}}$

Die gesamte Strahlung auf eine beliebige Fläche, Globalstrahlung genannt, setzt sich aus den oben beschriebenen Strahlungsanteilen wie folgt zusammen:

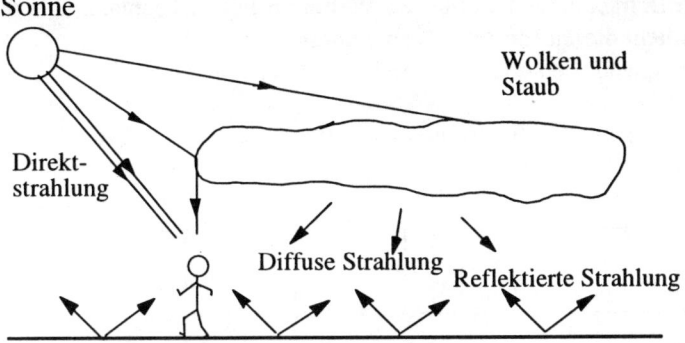

Abb. 1.5 Direkte, diffuse und reflektierte Strahlung

$$\dot{G}_G = \dot{G}_D + \dot{G}_H + \dot{G}_R \qquad\qquad (1.19)$$

Abbildung 1.6 zeigt den Verlauf der Globalstrahlung auf verschieden nach Süden geneigten Flächen für den Standort Jülich, wie er sich aus den oben beschriebenen Gleichungen ergibt.

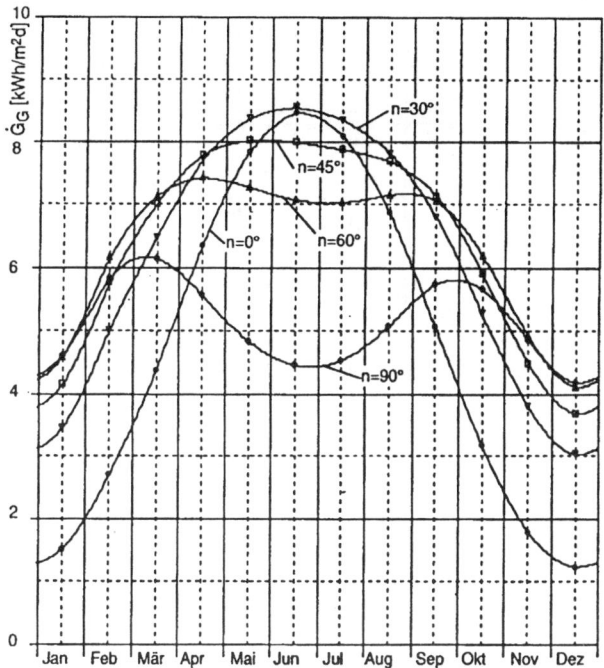

Abb. 1.6 Variation der theoretischen durchschnittlichen täglichen Globalstrahlung auf eine südlich orientierte Fläche bei verschiedenen Neigungen n. Für b =51°N, T_R = Flachland, $a = 0°$, $\rho_B = 0,3$.

Bei den bisherigen Betrachtungen wurde der Wettereinfluß vernachlässigt. Abbildung 1.7 verdeutlicht diesen Einfluß. Es sind dargestellt

- der Verlauf, der sich aus den oben beschriebenen Gleichungen ergibt (theoretisch),
- der Verlauf, der sich aus dem Testreferenzjahr Hannover, das auch für Jülich gilt, ergibt (gemessen).

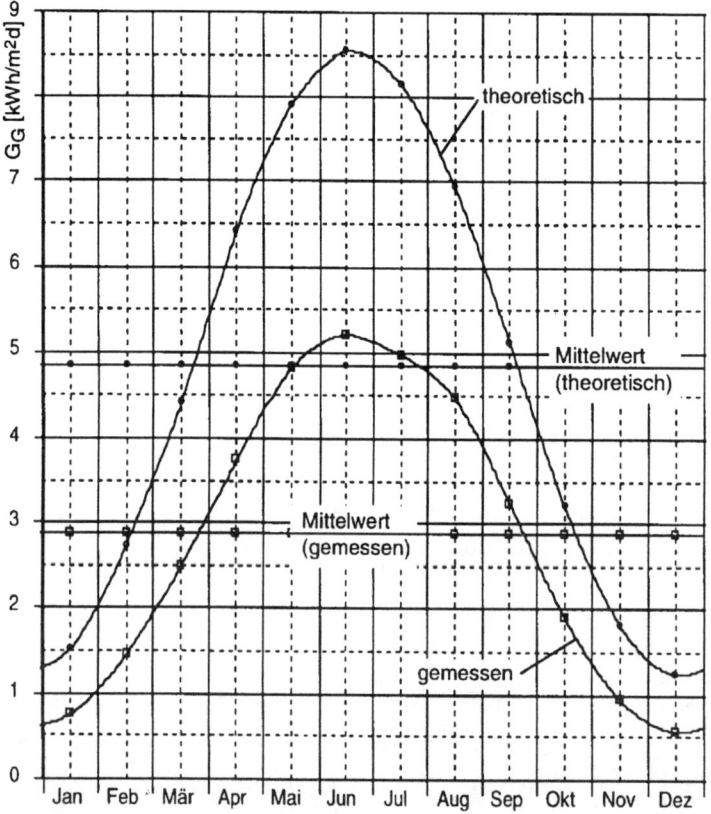

Abb. 1.7 Vergleich der theoretischen und der gemessenen Globalstrahlung auf eine horizontale Fläche für den Standort Jülich

Erläuterung des Begriffes Testreferenzjahr (TRY)

Vom Deutschen Wetterdienst (DWD) wurde die (alte) Bundesrepublik Deutschland in 12 Zonen gleichen Klimas aufgeteilt. Die Mittelwerte aus 10jährigen Messungen aller anerkannten Wetterstationen einer jeweiligen Zone ergeben das sogenannte TRY. Diese können vom DWD bis zu einer Auflösung von Stundenwerten bezogen werden. Abbildung 1.8 zeigt die Globalstrahlung auf horizon-tale Flächen aus dem TRY.

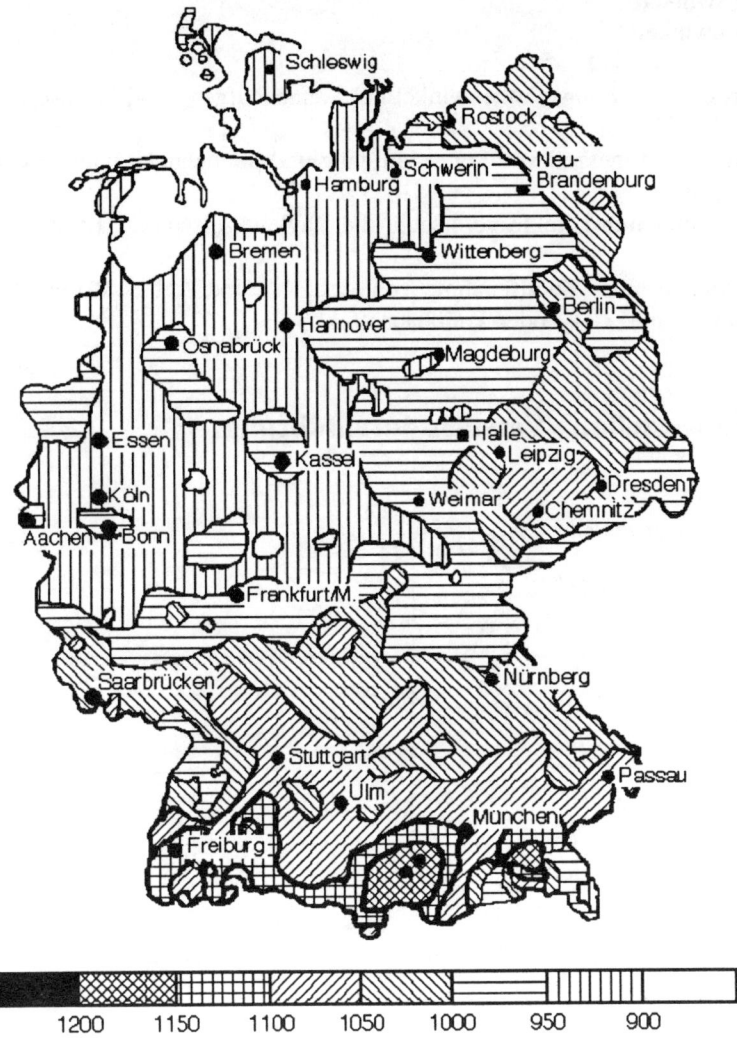

Abb. 1.8 Mittlere Jahressumme der Globalstrahlung in kWh/m^{2}a für den Zeitraum 1982-1991
[1.8]

1.3 Verständnisfragen zum Versuch

1. Warum ist der Trübungsfaktor im Sommer erhöht?
2. Definieren und erläutern Sie (z.B. durch Skizzen) die Begriffe:
   -Zenitwinkel
   -Sonnenazimutwinkel
   -Azimutwinkel

-Einfallswinkel
-Stundenwinkel
-Deklinationswinkel.
3. Wie groß ist der Sonnenhöhenwinkel bei Sonnenaufgang und bei Sonnenuntergang?
4. Wie wird die Tageszeit von Sonnenaufgang und Sonnenuntergang berechnet (Gleichung)?
5. Welche sichtbaren Effekte verursacht die Rayleigh-Streuung? Erläutern Sie diese!
6. Erläutern Sie unter Zuhilfenahme von Abb. 1.1 und Abb. 1.2 die Effekte „Ozonloch" und „CO_2- oder Treibhauseffekt"!

1.4 Aufgabenstellung/Versuchsdurchführung

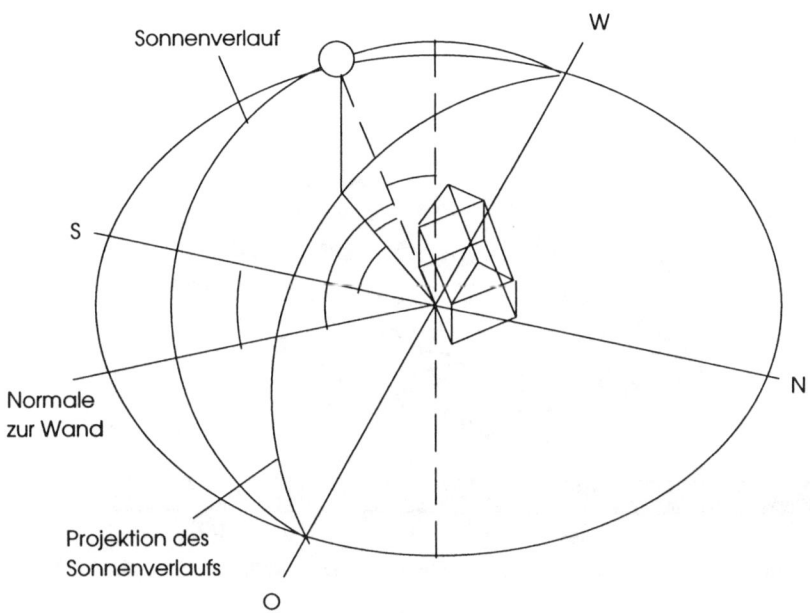

Abb. 1.9 Winkelverhältnisse am Gebäude. Es gilt für:

süd	orientierte Fläche $a = \pm\ 0°$	nord	orientierte Fläche $a = \pm\ 180°$
nord-ost	orientierte Fläche $a = +\ 135°$	ost	orientierte Fläche $a = +\ 90°$
süd-ost	orientierte Fläche $a = +\ 45°$	süd-west	orientierte Fläche $a = -\ 45°$
west	orientierte Fläche $a = -\ 90°$	nord-west	orientierte Fläche $a = -\ 135°$

1. Tragen Sie die Winkel in Abb. 1.9 ein.
2. Berechnen Sie die gesamte auf das Haus eingestrahlte Leistung in Watt zu einem bestimmten Zeitpunkt an einem bestimmten Ort (die benötigten Angaben werden während des Praktikums ausgegeben)!

3. Wie kann die gesamte an einem Tag auf das Haus eingestrahlte Energie berechnet werden? Geben Sie diese an!

4. Sie bekommen den Verlauf der jährlichen Einstrahlung auf das gesamte Haus (alle Flächen) sowie die Summe der jährlich eingestrahlten Energie vom Versuchsbetreuer. Ermitteln Sie aus den in Abb. 1.7 dargestellten Mittelwerten einen „Umrechnungsfaktor" (Hilfsgröße), um den Wettereinfluß zu berücksichtigen! Bestimmen Sie anschließend die tatsächlich jährlich eingestrahlte Energie auf das Haus und bewerten Sie das Ergebnis!

5. Diskutieren Sie das Ergebnis anhand des nachfolgend dargestellten durchschnittlichen Energieverbrauches eines 4-Personen-Haushaltes.

Von einer *Primärenergie* von 46800 kWh/a, die sich wie folgt zusammensetzt

Heizen	60%	28080 kWh/a
Warmwasser	10%	4680 kWh/a
Elektrizität	30%	14040 kWh/a

verbraucht ein 4-Personen-Haushalt in Deutschland eine *Endenergie* von 33500 kWh/a. Diese teilt sich im einzelnen wie folgt auf:

Heizen	75%	25125 kWh/a
Warmwasser	12%	4020 kWh/a
Elektrizität	13%	4355 kWh/a - aufgeteilt in:
		Kochen 7%2345 kWh/a
		Licht 2% 670 kWh/a
		Rest 4%1340 kWh/a

Berücksichtigt man die einzelnen Nutzungsgrade (z.B. die Heizung mit 70%), so ergibt sich eine *Nutzenergie* von etwa 22000 kWh/a.

Zu beachten ist, daß diese Aufstellung sich lediglich auf die im Haus benötigten Energien bezieht. Sie ist daher keine vollständige Aufstellung dessen, was eine Durchschnittsfamilie in Deutschland im Mittel verbraucht. Die folgenden externen (außerhalb des Hauses) Primärenergieverbräuche wurden also nicht betrachtet:

- Auto   18200 kWh/a
- übriger Verkehr einschließlich Herstellung des Kfz, Tankstellen, Straßen, Raffinerien usw.   18000 kWh/a
- Ernährung   24000 kWh/a
- Wohnungsbau   11000 kWh/a
- Konsum   27000 kWh/a
- öffentlicher Verbrauch, wie z.B. der Anteil an der öffentlichen Straßenbeleuchtung   <u>21000 kWh/a</u>

         Gesamt extern   119200 kWh/a

Damit erhöht sich der Gesamt-Primärenergiebedarf einer 4-köpfigen Durchschnittsfamilie von im Haus 46800 kWh/a um externe 119200 kWh/a auf 166000 kWh/a (= 20,4 tSKE/a) [1.7].

1.5 Anhang zu Versuch 1

Anhang A: Lösungen der Verständnisfragen

zu 1. Der Trübungsfaktor wird durch folgende Vorgänge beeinflußt:
- Mie-Streuung - Streuung an Staub- und Verunreinigungsteilchen, deren Durchmesser größer oder gleich der Wellenlänge des einfallenden Lichtes ist.
- Rayleigh-Streuung - Streuung an Molekülen, deren Durchmesser wesentlich kleiner als die Wellenlänge des einfallenden Lichtes ist. Die Streuung ist überproportional (4. Potenz) stärker, je kürzer die Wellenlänge ist.
- Die Absorption der Sonnenstrahlung durch Wasserdampf(!), Ozon, Sauerstoff und Kohlendioxid.

Da im Sommer der Wasserdampfgehalt der Atmosphäre wesentlich größer als im Winter ist, nimmt der Trübungsfaktor zu. Er kann in den Sommermonaten bis zu 30% höher als im Winter sein.

zu 2. Begriffsdefinitionen
- Zenitwinkel ψ_z

  Winkel zwischen Zenit und jeweiligem Sonnenstand, Komplementärwinkel zum Sonnenhöheninkel h:

  $\psi_z = 90° - h$
- Sonnenazimutwinkel a_s

  Winkel zwischen der senkrechten Projektion der Sonne auf die Erdoberfläche und der Nord-Süd-Erdachse.

  $a_s = + 90°$ Osten

  $a_s = $ positiv   Süd-Ost

  $a_s = 0°$ Süden

  $a_s = $ negativ   Süd-West

  $a_s = - 90°$ Westen .
- Azimutwinkel a

  Winkel zwischen der senkrechten Projektion der Normalen der Fläche, die betrachtet wird, auf die Erdoberfläche und der Nord-Süd-Achse. Winkelgrößen sind wie beim Sonnenazimutwinkel definiert.
- Einfallswinkel ψ

  Winkel zwischen der Flächennormalen und der Sonne.
- Stundenwinkel t^*

  Er gibt den Sonnenstand in Ost-West-Richtung an, wobei der Sonnen-

höchststand als Nullpunkt dient. Da sich die Erde pro Stunde um 15°
weiterdreht, entspricht eine Stunde einer Länge von 15°. Vormittags
zählt t^* positiv, nachmittags negativ.

- Deklinationswinkel δ
  Die Erde ist um ca. 23° zur Nord-Süd-Sonnenachse geneigt. Dieser
  Deklinationswinkel ändert sich im Laufe eines Jahres mit dem Sonnenstand. Anders ausgedrückt ist δ der Winkel zwischen Sonnenhöchststand und der Äquatorebene, wobei Nord positiv und Süd negativ zählt.

zu 3. Bei Sonnenauf- und -untergang beträgt der Zenitwinkel $\psi_z = 90°$. Damit
wird nach $h = 90° - \psi_z$ der Sonnenhöhenwinkel bei waagerechtem Hori-
zont $h = 0$.

zu 4. Mit $h = 0$ (Sonnenauf- bzw.-untergang!) folgt aus Gl. 1.9

$$\cos t^* = \frac{\sin\delta \cdot \sin b}{\cos\delta \cdot \cos b} = -\tan \delta \cdot \tan b$$

$$t^* = \text{arc cos } (-\tan \delta \cdot \tan b)$$
$$= (12h - \text{WOZ}) \cdot 15°/h$$

$$\text{WOZ}_{\text{unter/auf}} = 12h \pm [\text{arc cos } (-\tan \delta \cdot \tan b)]/15° .$$

zu 5. Da die Rayleigh-Streuung überproportional (4.Potenz) stärker wirkt, je
kürzer die Wellenlänge des Lichtes ist, werden aus dem Sonnenlicht
hauptsächlich die kurzwelligen (blauen) Anteile gestreut. Dieses zeigt
sich in

- der Blaufärbung des Himmels tagsüber, da ein Teil des gestreuten
  (blauen) Lichtes nach Mehrfachstreuung und Reflexion in der Atmosphäre aus allen Richtungen auf die Erdoberfläche trifft und
- der Rotfärbung der Sonne bei Sonnenauf- bzw. Sonnenuntergang, da
  bei niedrigem Sonnenstand (kleiner Sonnenhöhenwinkel h) das Sonnenlicht einen längeren Weg durch die Atmosphäre (optische Weglänge) zurücklegen muß und deshalb durch die Rayleigh-Streuung die
  blauen Anteile fast vollständig aus der direkten Strahlung entfernt
  werden. Es bleibt nur rotes Licht übrig.

zu 6.
- Ozonloch:
  Wie aus Abb. 1.2 ersichtlich ist, absorbiert das Ozon hauptsächlich
  kurzwellige Strahlung. Zu dieser gehört die energieintensive und bio-
  logisch schädliche UV-Strahlung. Durch Verminderung des Ozonge-
  haltes der Atmosphäre (z.B. durch FCKW) erreichen diese Strahlungs-
  anteile in immer größer werdender Intensität die Erdoberfläche und
  schädigen damit Flora und Fauna.
- Treibhauseffekt:
  Wie aus Abb. 1.2 ebenfalls ersichtlich ist, bewirkt Kohlendioxid

(CO_2) zusammen mit Wasser (z.B. aus den Wolken) die atmosphärische Gegenstrahlung im langwelligen Bereich (Infrarot). Durch vom
Menschen zusätzlich verursachtes CO_2 wird dieser Effekt verstärkt.
Die von der Sonne eingestrahlte Energie kann dann nicht mehr im erforderlichen Maße wieder von der Erde abgestrahlt werden - das
Gleichgewicht ist gestört. Dadurch kommt es zur Erwärmung der Erde
mit den entsprechenden Folgen wie z.B. Klimaveränderung mit der
Verschiebung von Klimazonen, dem Anstieg des Meeresspiegels, un-
vorhersehbaren Auswirkungen auf Flora und Fauna usw. Das Kohlendioxid ist jedoch nur zu etwa 50% am Treibhauseffekt beteiligt. Weitere Treibhausgase sind z.B. Methan (CH_4) und FCKW. Diese anthro-
pogen eingebrachten Gase sind in Abb. 1.2 nicht berücksichtigt.

Anhang B: Beispielhafte Versuchsergebnisse

zu 1:   Die entsprechenden Winkel werden in Abb. 1.9 eingetragen (s. auch Abb.
        1.4).
zu 2:

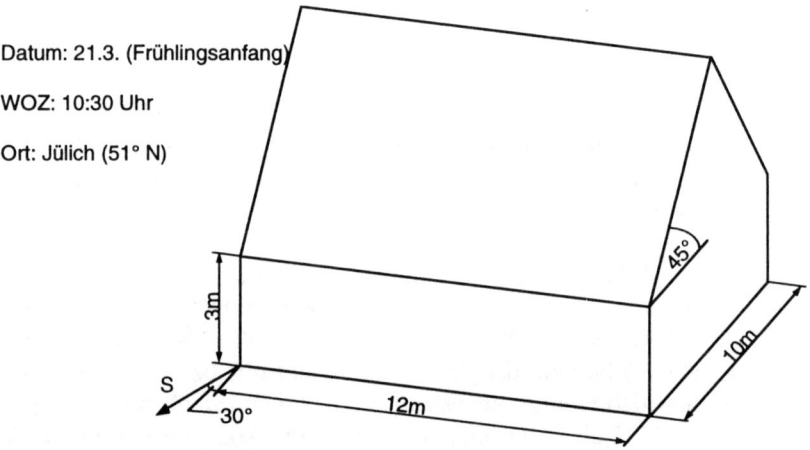

Datum: 21.3. (Frühlingsanfang)

WOZ: 10:30 Uhr

Ort: Jülich (51° N)

Abb. 1.10 Vorgaben für Aufgabe 2

Abgelesen: $T_R = 2,5$ $\rho_B = 0,3$

Sonnenstand: $x = 76,13°$ $\delta = 0°$ $t^* = -22,5°$
                $h = 35,55°$ $a_S = 28,3°$

Einstrahlung: $\dot{G}_o = 1364$ W/m^2 $\dot{G}_D = 920$ W/m^2
                $\dot{G}_{H,h} = 85,8$ W/m^2

$$\dot{G}_{D,h} = 533,6 \text{ W/m}^2$$

$$\dot{G}_{G,h} = 619,4 \text{ W/m}^2$$

Tabelle 1.3 Ergebnisse für Aufgabe 2

Fläche	A	n	a	Ψ	$\dot{G}_{D,g}$	$\dot{G}_{H,g}$	$\dot{G}_R$	$\dot{G}_{G,g}$	P
(Orientierung)	m^2	Grad	Grad	Grad	W/m^2	W/m^2	W/m^2	W/m^2	kW
Wand (SO)	36	90	30	35,6	748	85,3	92,9	926,2	33,3
Wand (NO)	55	90	120	91,4	0	42,9	92,9	135,8	7,5
Wand (NW)	36	90	-150	144,4	0	42,9	92,9	135,8	4,9
Wand (SW)	55	90	-60	88,6	22,2	42,1	92,9	157,2	8,6
Dach (SO)	84,9	45	30	9,5	907	121,5	27,2	1055,7	89,6
Dach (NW)	84,9	45	-150	99,4	0	73,2	27,2	100,4	8,5
								Summe	152,4

zu 3: Durch Integration der eingestrahlten Leistung über den Tag. Bei dem vorliegenden Formelwerk ist das allerdings sehr aufwendig. Es empfiehlt sich daher, mit entsprechenden Rechnerprogrammen zu arbeiten.

zu 4: Summe der jährlich eingestrahlten Energie: 495,53 MWh
Maximalwert der täglichen Energie auf das
gesamte Haus am 21.06.1995:   2189,00 kWh

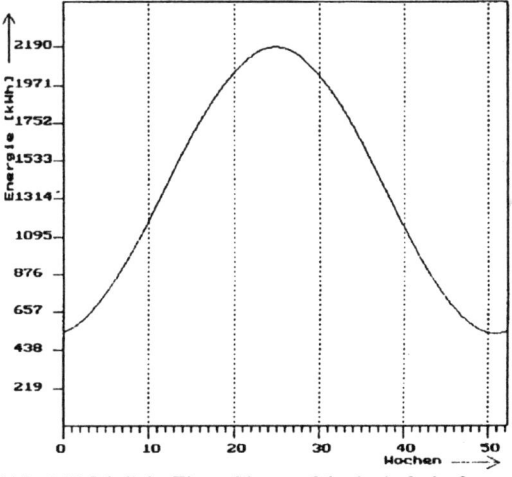

Abb. 1.11 Jährliche Einstrahlung auf das in Aufgabe 2 vorgegebene Haus

Die Summe der theoretisch auf dieses Haus eingestrahlten Energie beträgt
495530 kWh. Aus dem Verhältnis der Mittelwerte von Abb. 1.7
(2,85kWh/4,8 kWh) ergibt sich ein Umrechnungsfaktor von 0,59, d.h. der
Wettereinfluß beträgt im Mittel 41%. Die tatsächlich eingestrahlte Energie ergibt sich aus dem theoretischen Wert durch Multiplikation mit dem
Umrechnungsfaktor

$$E_{tatsächlich} = E_{theo} \cdot 0,59 = 495530 \cdot 0,59 \text{ kWh} = 292362,7\text{kWh}$$

Da es sich hierbei um eine Berechnung mit Hilfe von Jahresmittelwerten
handelt, darf die Genauigkeit nicht überbewertet werden. Es handelt sich
vielmehr um einen groben Anhaltswert

2 Auslegung von solarthermischen Anlagen

M. Meliß und F. Späte

2.1 Versuchsziel

Ziel dieses Versuches ist es, eine solare Wassererwärmungsanlage für einen imaginären Kunden auszulegen. Dazu gehören energetische, wirtschaftliche und ökologische Betrachtungen.

2.2 Einige Grundlagen

2.2.1 Energetische Betrachtungen

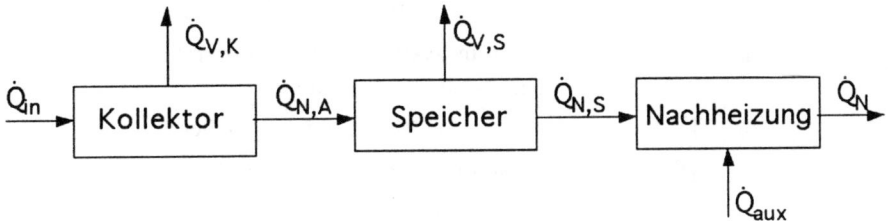

Abb. 2.1 Leistungsbilanz einer solaren Wassererwärmungsanlage

Bilanz Kollektor:

$$\dot{Q}_{in} = \dot{Q}_{N,A} + \dot{Q}_{V,K} \tag{2.1}$$

Bilanz Speicher:

$$\dot{Q}_{N,A} = \dot{Q}_{V,S} + \dot{Q}_{N,S} \tag{2.2}$$

Bilanz Nachheizung:

$$\dot{Q}_N = \dot{Q}_{N,S} + \dot{Q}_{aux} \tag{2.3}$$

Dabei bedeuten:

$$\dot{Q}_{in} = \dot{G}_{G,g} \cdot A_K \tag{2.4}$$

$$\dot{Q}_{N,A} = \dot{m}_K \cdot c_K \cdot (\vartheta_0 - \vartheta_e) \tag{2.5}$$

$$\dot{Q}_{V,K} = U_{L,K} \cdot A_K \cdot (\vartheta_A - \vartheta_{U,K}) + \dot{G}_{G,g} A_K (1 - \tau\alpha) \tag{2.6}$$

$$\dot{Q}_N = \dot{m}_N \cdot c \cdot (\vartheta_{HW} - \vartheta_{KW}) \tag{2.7}$$

$$\dot{Q}_{V,S} = U_{L,Sp} \cdot A_{Sp} \cdot (\overline{\vartheta}_{Sp} - J_{U,Sp}) \tag{2.8}$$

$$\dot{Q}_{aux} = \dot{m}_N \cdot c \cdot (\vartheta_{HW} - \vartheta_{Sp,o}) \tag{2.9}$$

mit | $\dot{Q}_{in}$ | [W] | zugeführte Leistung (Input) |
|---|---|---|
| | $\dot{Q}_{N,A}$ | [W] | Nutzleistung des Absorbers |
| | $\dot{Q}_{V,K}$ | [W] | thermische und optische Verluste des Kollektors |
| | $\dot{Q}_N$ | [W] | Verbrauch bzw. Bedarf |
| | $\dot{Q}_{N,S}$ | [W] | die vom System (Speicher) solar bereitgestellte Leistung |
| | $\dot{Q}_{V,S}$ | [W] | thermische Verluste des Speichers |
| | $\dot{Q}_{aux}$ | [W] | Leistung der Zusatzheizung |
| | A_K | [m^2] | Kollektorfläche |
| | A_{sp} | [m^2] | Speicheroberfläche |
| | $\tau\alpha$ | | Produkt aus Transmission und Absorption (optischer Wirkungsgrad) des Kollektors |
| | $\dot{G}_{G,g}$ | [W/m^2] | Globalstrahlung auf geneigte Fläche |
| | $\dot{m}_K$ | [kg/h] | Durchfluß im Kollektor |
| | c_K | [Wh/kgK] | spez. Wärmekapazität des Wärmeträgers im Kollektor |
| | $U_{L,K}$ | [W/m^{2}K] | mittlerer Wärmedurchgangskoeffizient des Kollektors |
| | ϑ_A | [°C] | mittlere Absorbertemperatur |
| | ϑ_0 | [°C] | Austrittstemperatur des Wärmeträgers am Kollektor |
| | ϑ_e | [°C] | Eintrittstemperatur des Wärmeträgers am Kollektor |
| | $\vartheta_{U,K}$ | [°C] | Umgebungstemperatur des Kollektors |

ϑ_{HW}	[°C]	Temperatur des heißen Wassers
ϑ_{KW}	[°C]	Temperatur des kalten Wassers
$\overline{\vartheta}_{Sp}$	[°C]	mittlere Speichertemperatur
$\vartheta_{Sp,o}$	[°C]	obere Speichertemperatur
$\vartheta_{U,Sp}$	[°C]	Umgebungstemperatur des Speichers
$(\vartheta_0 - \vartheta_e)$	[°C]	Differenz zwischen Kollektoraus- und -eintrittstemperatur
$\dot{m}_N$	[kg/h]	Durchfluß bei der Entnahme
c	[Wh/kgK]	spez.Wärmekapazität von Wasser (1,16 Wh/kgK)
$U_{L,Sp}$	[W/m²K]	Mittlerer Wärmedurchgangskoeffizient des Speichers.

Mit dieser allgemeinen Leistungsbilanz, bei der jedoch die Wärmekapazitäten der einzelnen Komponenten vernachlässigt sind, lassen sich alle thermischen Solarsysteme beschreiben. Dies ist in der Praxis aber kaum durchführbar. Daher ist es zweckmäßig, verschiedene Wirkungsgrade einzuführen:

$$\eta_K = \frac{\dot{Q}_{N,A}}{\dot{Q}_{in}} = \tau\alpha - \frac{U_{L,K} \cdot (\vartheta_A - \vartheta_{U,K})}{\dot{G}_{G,g}} \qquad (2.10)$$

$$\eta_{sys} = \frac{\dot{Q}_{N,S}}{\dot{Q}_{in}} \qquad (2.11)$$

$$D_S = \frac{Q_{N,S}}{Q_N} \qquad (2.12)$$

mit
η_K Wirkungsgrad des Kollektors
η_{sys} Systemwirkungsgrad
D_S solare Deckungsrate
$Q_{N,S}$ [Wh] die vom System (Speicher) in einem bestimmten Zeitraum solar bereitgestellte Energie
Q_N [Wh] die im betrachteten Zeitraum entnommene Energie.

In der VDI 2067 [2.6] sind Richtwerte für den täglichen Warmwasserverbrauch (45 °C) einer „Durchschnittsfamilie" festgelegt:

Niedriger Verbrauch	35 - 50 l/(Pers.·d)
Mittlerer Verbrauch	50 - 70 l/(Pers.·d)
Hoher Verbrauch	70 - 115 l/(Pers.·d)

2.2.2 Auslegungsmethoden

A. Auslegung mit Richtwerten

Für Solaranlagen in Deutschland gilt folgende Faustformel:

Kollektorfläche/Person   etwa 1 - 1,5 m²
Speichervolumen/Person etwa 80 - 100 l.

B. Auslegung mit einem Auslegungstag

Nach [2.7 und 2.8] nimmt man für unsere Breiten einen Auslegungstag mit einer Globalstrahlung von 5,5 kWh/m² an. Mit einem mittleren Systemwirkungsgrad von η_{sys} = 0,25 - 0,4 kann man nun die Kollektorfläche bestimmen. Das Speichervolumen wird folgendermaßen berechnet :

$$ V_{Sp} = b \cdot \frac{Q_{N,S}}{c \cdot \rho_W \cdot (\vartheta_{HW} - \vartheta_{KW})} \qquad (2.13) $$

mit

ρ_w [kg/m³]   Dichte von Wasser
b Zuschlagfaktor für den Solarteil des
              Speichers (1,5 - 2 nach [2.9])

C. Auslegung mit Monatsmittelwerten

Diese Methode ist ähnlich B, nur daß die Kollektorfläche für jeden Monat berechnet wird.

D. Auslegung mit Simulationsprogrammen

Es gibt einige Computerprogramme zur Auslegung und Beschreibung von Solaranlagen, z.B. TRNSYS, F-CHART, TSOL usw.

Bisher wurde lediglich auf Kollektorfläche und Speichervolumen eingegangen. Daneben gibt es jedoch noch weitere Komponenten einer Solaranlage, die einer Dimensionierung bedürfen:

• Länge und Durchmesser der Rohrleitungen
• Wärmetauscher
• Wärmedämmung
• Umwälzpumpe
• Expansionsgefäß
• Sicherheitseinrichtungen

- Nachheizung
- Regelung.

Sie sind an dieser Stelle der Vollständigkeit halber erwähnt, jedoch nicht Gegenstand weiterer Betrachtungen. Zur Orientierung sind einige Beziehungen und Grenzen, wie z.b. Einfluß der Kollektor-ausrichtung, des Kollektordurchflusses, der Speicherkapazität usw. im Anhang A grafisch dargestellt.

2.2.3 Wirtschaftliche Betrachtungen

Neben den energetischen Gesichtspunkten sind natürlich die wirtschaftlichen Gesichtspunkte ganz wesentlich. Es gilt, das Optimum zwischen dem Aufwand an Jahreskosten für die solartechnischen Einrichtungen und der jährlichen Brennstoffkosteneinsparung zu bestimmen (siehe Abb. 2.2 und [2.11]).

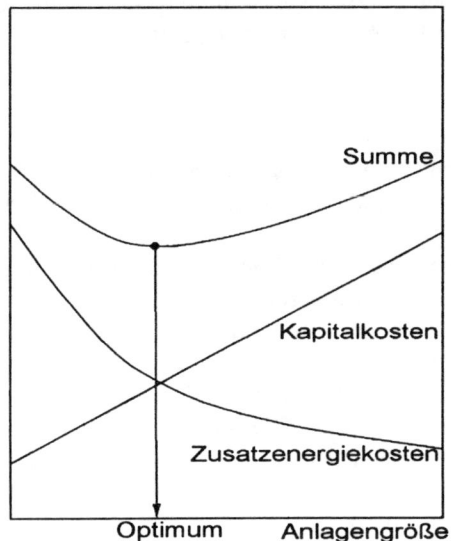

Abb. 2.2 Zusammensetzung der Gesamtkosten für das Warmwasser als Funktion der relativen Anlagegröße

Für die Wirtschaftlichkeitsberechnungen soll ein dynamisches Verfahren, das Annuitätenverfahren, benutzt werden. Es berücksichtigt wesentliche Faktoren der wirtschaftlichen Entwicklung [2.14].

Die Ermittlung der durchschnittlichen Kosten pro Zeitabschnitt (i.d.R. ein Kalenderjahr) erfolgt gemäß der Formel

Jahreskosten = Kapitaldienst + Betriebskosten

$$K_a = K \cdot A_n + [(z_B \cdot K) / 100] \cdot A_n \cdot n^* \tag{2.14}$$

mit K_a [DM/a]   Jahreskosten

K [DM]   Investitionskosten

A_n [1/a]   Annuität $A_n = \dfrac{q^{n^*}(q-1)}{q^{n^*}-1}$ (2.15)

z_B [%/a]   jährlicher Betriebskostensatz

n^* [a]   Nutzungsdauer

q Zinsfaktor $q = \dfrac{1+\dfrac{p_z}{100}}{1+\dfrac{j}{100}}$ (2.16)

p_z [%/a]   Zinsfuß

j [%/a]   Inflationsrate .

Der zur Errichtung und zum Betrieb der Solaranlage während der gesamten Lebensdauer erforderliche Kapitaleinsatz K_e (in DM) ergibt sich zu

$$K_e = K_a \cdot n^*$$ (2.17)

Ein weiterer wirtschaftlicher Gesichtspunkt ist die Amortisationszeit der Anlage. Diese läßt sich nicht nach der Annuitätenmethode bestimmen, sondern erfordert ausführlichere Betrachtungen.

Um die Amortisationszeit einer Solaranlage zu bestimmen, muß man sie mit einem konventionellen System (z.B. Warmwasserbereitung über die Öl- oder Gasheizung) vergleichen. Die Amortisationszeit ist dann erreicht, wenn die eingesparten Brennstoffkosten des konventionellen Systems größer als die Investitions- und Betriebskosten des Solarsystems sind, wobei Verzinsung und Energiepreissteigerungen mit zu berücksichtigen sind. Die eingesparten Brennstoffkosten des konventionellen Systems ergeben sich zu:

$$BK_e = BM_e \cdot \rho_B = [Q_{N,S} / (H_u \cdot \eta_{konv})] \cdot \rho_B$$ (2.18)

mit BM_e [kg/a]   eingesparte Brennstoffmenge

$Q_{N,S}$ [Wh/a]   vom Solarsystem jährlich bereitgestellte Energie

H_u [Wh/kg]   Heizwert des konventionellen Energieträgers

η_{konv} Wirkungsgrad des konventionellen Systems

ρ_B [DM/kg]   spezifische Brennstoffkosten des konventionellen Energieträgers .

Da die eingesparten Brennstoffkosten aufgrund der Energiepreissteigerung nicht konstand sind, ist es zur Bestimmung der Amortisationszeit erforderlich, jeden Abrechnungszeitraum (hier 1 Jahr) einzeln zu betrachten.

Die eingesparten Brennstoffkosten für das jeweilige Jahr ergeben sich aus den eingesparten Brennstoffkosten des Vorjahres durch Multiplikation mit dem Aufzinsungsfaktor für den Energiepreis:

$$BK_{e,n} = BK_{e,n-1} \cdot q_E \tag{2.19}$$

$$q_E = 1 + E/100 \tag{2.20}$$

mit $BK_{e,n}$ [DM/a]   eingesparte Brennstoffkosten im Jahre n

   $Bk_{e,n-1}$ [DM/a]   eingesparte Brennstoffkosten im Jahre n-1

   q_E Aufzinsungsfaktor für den Energiepreis

   E [%/a]   Energiepreissteigerungsrate

Es ist zu beachten, daß die Bilanzen erst am Ende eines Abrechnungszeitraumes (jeweils 1 Jahr) aufgestellt werden.

Die Wirtschaftlichkeit der Solaranlage ergibt sich damit als Differenz der Gesamtkosten und Energieeinsparungen über die Lebensdauer:

$$N_G = \sum_{i=1}^{n^*} (BK_{e,i} - K_{a,i}) \tag{2.21}$$

mit N_G [DM]   Nettogewinn

   $K_{a,i}$ [DM/a]   Jahreskosten im Jahre i

   $BK_{e,i}$ [DM/a]   eingesparte Brennstoffkosten im Jahre i.

Die Anlage amortisiert sich in dem Jahr, in dem N_G positiv wird, d.h., daß die Anlage ab diesem Zeitpunkt Gewinn abwirft. Der gesamte Gewinn ist die Summe am Ende der Lebensdauer.

Dabei ist zu beachten, daß in dieser Wirtschaftlichkeitsbetrachtung externe Kosten und Nutzen nicht berücksichtigt werden. Insbesondere bleibt also die Tatsache, daß die gesamte eingesparte Brennstoffmenge nicht die Umwelt belastet und dabei von der Allgemeinheit getragene Kosten eingespart werden, unberücksichtigt.

2.2.4 Ökologische Betrachtungen

Neben dem energetischen und ökonomischen gibt es nicht zuletzt den ökologischen Gesichtspunkt.

Tabelle 2.1 zeigt die spezifischen Emissionsfaktoren beim Einsatz von Öl, Gas und Strom. Die Werte sind aus [2.15] und im wesentlichen mit GEMIS '93 berechnet.

Tabelle 2.1 Schadstoffausstoß pro kWh Endenergie [2.15]

	Öl Verbrennung mg/kWh	Öl Bereitstellung mg/kWh	Gas (Heizung und Verbrennung mg/kWh	Gas Brauchwasser) Bereitstellung mg/kWh	Strom mg/kWh
Staub	1,1	16,2	0	4	57,6
SO_2	270	125,6	1,1	22,7	374,4
NO_x	126	234,7	108	51,8	752,4
CO	126	115,2	108	387	1685
CO_2	266500	30200	198500	13700	604000
CH_4	4,5	51,5	5	873,7	1483
Flüchtige KW ohne CH_4	14,4	137,2	45,4	220	878,4
		(100 km per LKW)		(Ortsverteilung mit berücksichtigt!)	

2.3 Verständnisfragen zum Versuch

1. Skizzieren Sie die Wirkungsgradkennlinie eines Kollektors und erläutern Sie daran die Begriffe optische Verluste bzw. optischer Wirkungsgrad, thermische Verluste, Arbeitspunkt des Kollektors und Stillstandstemperatur!
2. Wie kann man den Arbeitspunkt des Kollektors verändern bzw. einstellen?
3. Skizzieren Sie mindestens 4 Ausführungsvarianten für solare Wassererwärmungsanlagen (z.B. Anbindung an das vorhandene System, Inselbetrieb usw.).
4. Was sagt die solare Deckungsrate aus?
5. Welches ist der wichtigste Wert für eine Auslegung und wie kann er bestimmt werden bzw. wie sollte er am besten bestimmt werden?
6. Berechnen Sie die täglichen Verluste eines 5 m²-Kollektors und eines 400 l-Speichers, wobei der k-Wert des Kollektors 4 W/(m²K), der des Speichers 3 W/K, die Arbeitstemperatur des Kollektors 50 °C, die Umgebungstemperatur des Kollektors 15 °C, die mittlere Speichertemperatur 30 °C und die Speicherumgebungstemperatur 20 °C betragen soll.
7. Wie hängt der Durchfluß im Kollektor mit der solaren Deckungsrate zusammen?
8. Wie wichtig ist das Speichervolumen für die solare Deckungsrate?
9. Wie wirken sich unterschiedliche Kollektorkennwerte ($\tau\alpha$, $U_{L,K}$) bei gleicher Fläche auf die solare Deckungsrate aus und wie wichtig sind sie verglichen mit dem Speichervolumen?

10. Wie wirken sich die Kollektorausrichtung und -neigung auf die solare Dek-
    kungsrate aus und wie wichtig sind sie (evtl. Grenzwerte angeben)?

11. Gilt die Aussage: „Je größer der Systemwirkungsgrad ist, desto höher ist die
    solare Deckungsrate!"? Begründen Sie Ihre Meinung!

2.4 Aufgabenstellung/Versuchsdurchführung

Stellen Sie sich vor, Sie seien ein Ingenieurbüro im Bereich Solartechnik. Ein
Kunde kommt zu Ihnen und möchte sich eine Solaranlage anschaffen. Sie sollen
nun den Kunden beraten, seine Solaranlage auslegen, ihm Preise nennen, eine
Wirtschaftlichkeitsberechnung durchführen und vorrechnen, wieviel Schadstoffemissionen er verhindert.

1. Termin:

- Erstellen Sie eine Art Fragebogen, aus dem Sie alle für Ihre Auslegung benötigten Angaben entnehmen können. Sie bekommen dann die Daten vom
  Versuchsbetreuer ausgehändigt.

- Legen Sie anhand dieser Angaben die Anlage nach den Methoden A - C
  (Abschnitt 2.2.2) aus. Die Monatsmittelwerte der Einstrahlung sind in Anhang B zu finden. Der mittlere Jahres-Wirkungsgrad der Solaranlage soll
  33% betragen.

- Tragen Sie die nach Methode C ermittelten monatlichen Kollektorflächen
  gegen die Monate in einem Diagramm auf.

- Berechnen Sie nun die monatlich vom Solarsystem erbrachte Nutzenergie
  $Q_{N,s,m}$ in kWh für Kollektorflächen von 2 m², 6 m² und 15 m². Ermitteln Sie
  die solare Jahresnutzenergie $Q_{N,s,a}$ und die entsprechende solare Deckungsrate.
  Bedenken Sie, daß die mittleren Wirkungsgrade der jeweiligen Anlagen unterschiedlich sind. Ordnen Sie sinnvolle Werte zu!

- Tragen Sie nun die solare Jahresdeckungsrate über der Kollektorfläche in
  einem 1. Diagramm und über die Monate des Jahres in einem 2. Diagramm
  auf.

- Anschließend bekommen Sie ein einfaches Auslegungsprogramm an die
  Hand, mit dem Sie die Anlage nochmals für die o.g. 3 Kollektorflächen auslegen sollen.

- Vergleichen Sie alle Werte.

2. Termin:

- Berechnen Sie mit der Annuitätenmethode die Jahreskosten für die o.g. 3
  Varianten. Gehen Sie von folgenden Werten aus:
  Investitionskosten für die Anlage mit 2 m²: 2500,- DM/m²
  Investitionskosten für die Anlage mit 6 m²: 1500,- DM/m²

Investitionskosten für die Anlage mit 15 m^2: 1000,- DM/m^2.

In den Investitionskosten sind alle Kosten für Kollektor, Speicher, alle notwendigen Komponenten, sowie die komplette Installation bzw. Montage enthalten.

- Lebensdauer: 20 Jahre
- Wartungskosten: 1% der Investitionskosten
- Zinsfuß: 8%/a
- Inflationsrate: 4%/a
- Energiepreissteigerungsrate: 8%/a

- Berechnen Sie die Jahreskosten unter der Annahme, daß 25% der Investitionskosten subventioniert werden.
- Ermitteln Sie die Kosten pro Energieeinheit für alle Varianten und erstellen Sie für die Fälle mit und ohne Subvention je ein Diagramm Kosten pro Energieeinheit über der Kollektorfläche bzw. über der solaren Deckungsrate.

Hinweise für die Ausarbeitung:

Welches ist aus wirtschaftlichen Gründen der optimale Bereich für die solare Deckungsrate? Vergleichen Sie dies mit den Auslegungsverfahren A und B sowie mit den Werten, die mittels des Auslegungsprogrammes ermittelt wurden.
- Berechnen Sie die Amortisationszeit für folgende Fälle:

1. Fall:
Eine Solaranlage mit 6 m^2 Kollektorfläche (Werte wie oben) wird installiert; das konventionelle System bleibt. Beziehen Sie die Subventionen ein. Als konventionelles System existieren:
a) eine Ölzentralheizung mit einem Nutzungsgrad für die Brauchwassererwärmung von $\eta_{konv} = 0,38$
($H_U = 11,8$ kWh/kg, $\rho_{Öl} = 0,86$ kg/l, Ölpreis 0,50 DM/l)
b) ein elektrischer Durchlauferhitzer mit einem Wirkungsgrad von 100% bzw. 30% bezogen auf die Primärenergie. Der Strompreis betrage 0,25 DM/kWh.

2. Fall:
Eine Solaranlage mit 6 m^2 Kollektorfläche (Werte wie oben) wird installiert. Gleichzeitig wird die alte Heizungs- und Brauchwasseranlage durch einen neuen Gasbrennwertkessel ersetzt. Dieser hat einen Wirkungsgrad (bezogen auf den unteren Heizwert) von 1,05 und einen Jahresnutzungsgrad für die Brauchwasserbereitung von $\eta_{konv} = 0,85$. Weitere Werte sind:
   Heizwert von Gas $H_U \approx 10$ kWh/m$_N^3$
   Preis für Gas p_B(Gas) $\approx 0,55$ DM/m^3
Für das integrale System Solaranlage-Brennwertkessel wird nur noch ein Speicher benötigt. Daher entfallen bei den Investitionskosten für die Solaranlage die Kosten für den Speicher sowie einige Kosten für Installatio-

nen, die ohnehin gemacht werden müssen. Gehen Sie bei Ihren Berech-
nungen von einer Reduktion der Investitionskosten um 50% aus und beziehen Sie die 25%ige Subvention wie oben ein.

- Wieviel Schadstoffemissionen werden durch die von Ihnen empfohlene
  Anlage während der gesamten Lebensdauer vermieden?
- Sie bekommen Unterlagen von drei einschlägigen Herstellern von So-
  laranlagen. Erstellen Sie 3 Angebote. Zu welcher Anlage würden Sie dem
  Kunden raten und warum?

Allgemeine Hinweise zur Auswertung:

Berechnen Sie alle Werte auf eine, maximal 2 Stellen hinter dem Komma.
Überlegen Sie sich jeweils, welchen Sinn die Stellen haben und lesen Sie nicht
stur vom Rechner ab. Stellen Sie, wann immer möglich, die Werte und Ergeb-
nisse tabellarisch dar.
  Erstellen Sie ein vernünftig begründetes Angebot für den Kunden!
Bedenken Sie immer: Sie sind ein Ingenieurbüro und wollen etwas verkaufen!

2.5 Anhang zu Versuch 2

Anhang A: Beziehungen zur Auslegung von Solaranlagen

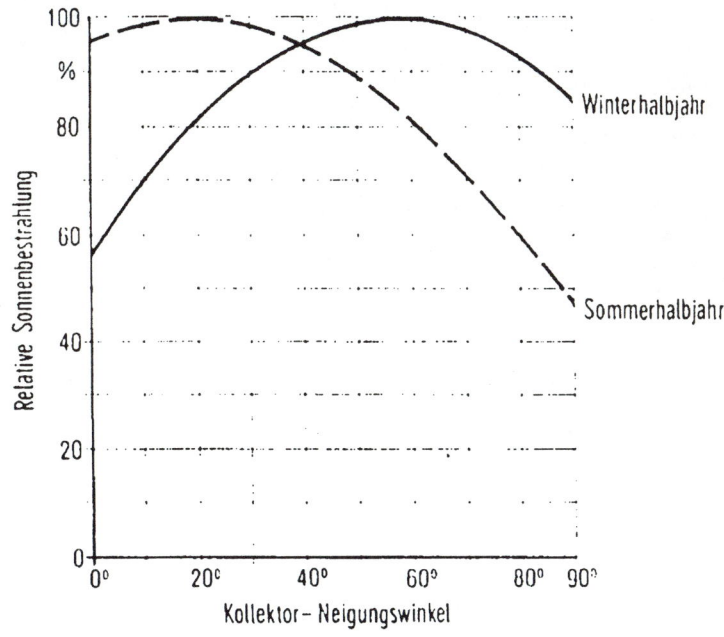

Abb. 2.3 Sonnenbestrahlung eines nach Süden ausgerichteten Kollektors im Sommer- und
Winterhalbjahr bei unterschiedlichen Neigungswinkeln [2.12]

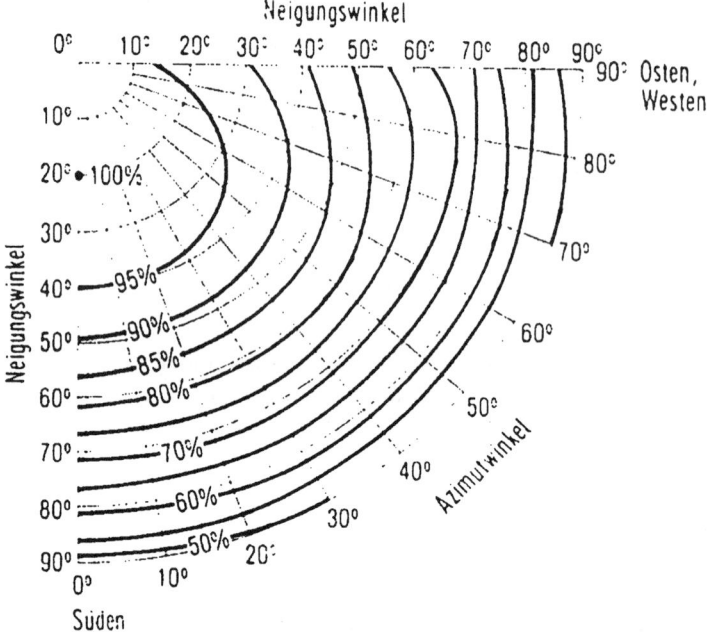

Abb. 2.4 Einfluß des Neigungs- und Azimutwinkels auf die relative Sonnenbestrahlung eines Kollektors für den Nutzungszeitraum Sommerhalbjahr (April-September) [2.12]

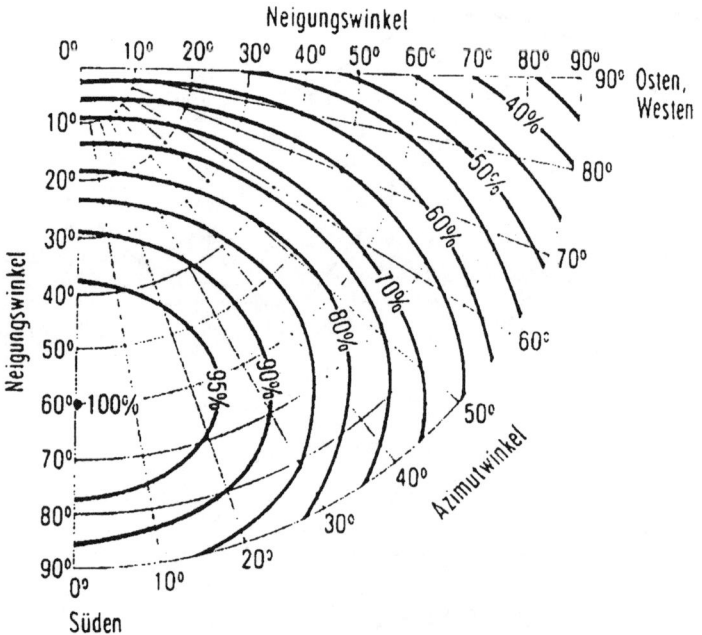

Abb. 2.5 Einfluß des Neigungs- und Azimutwinkels auf die relative Sonnenbestrahlung eines Kollektors für den Nutzungszeitraum Winterhalbjahr (Oktober-März) [2.12]

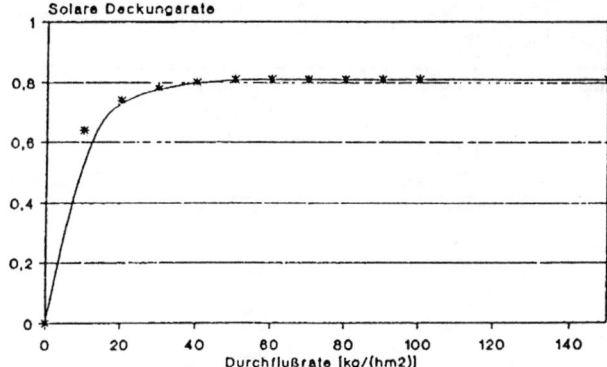

Abb. 2.6 Einfluß der Kollektordurchflußrate auf die solare Deckungsrate für einen speziellen Anwendungsfall [2.13]

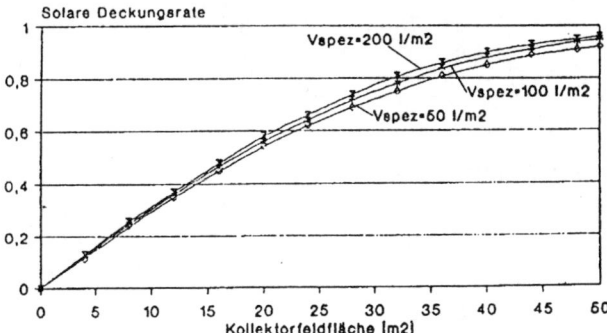

Abb. 2.7 Einfluß der Speicherkapazität auf die solare Deckungsrate für einen speziellen Anwendungsfall [2.13]

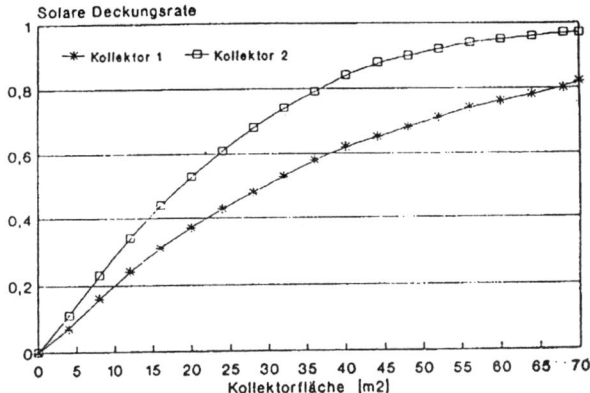

Abb. 2.8 Abhängigkeit der solaren Deckungsrate von der Kollektorfläche für einen speziellen Anwendungsfall [2.13], Kollektor 1 $\tau\alpha = 0{,}64$, $U_{L,K} = 6{,}6$ W/m^{2}K, Kollektor 2 $\tau\alpha = 0{,}78$, $U_{L,K} = 4{,}5$ W/m^{2}K

Anhang B: Wetterdaten für Jülich

Tabelle 2.2 Wetterdaten für Jülich

	horizontal	Einstrahlung 40° nach Süd geneigt kWh/m²d	Umgebungs-temperatur °C
Jan	0,75	1,23	1,8
Feb	1,45	2,00	2,2
Mär	2,49	2,90	5,6
Apr	3,74	3,84	8,9
Mai	4,82	4,65	12,9
Jun	5,21	4,90	16,0
Jul	4,98	4,71	17,6
Aug	4,48	4,50	17,2
Sep	3,24	3,67	14,5
Okt	1,91	2,55	10,1
Nov	0,94	1,47	6,0
Dez	0,56	0,90	3,1
Jahr	2,88	3,12	9,7

Anhang C: Lösungen der Verständnisfragen

zu 1.

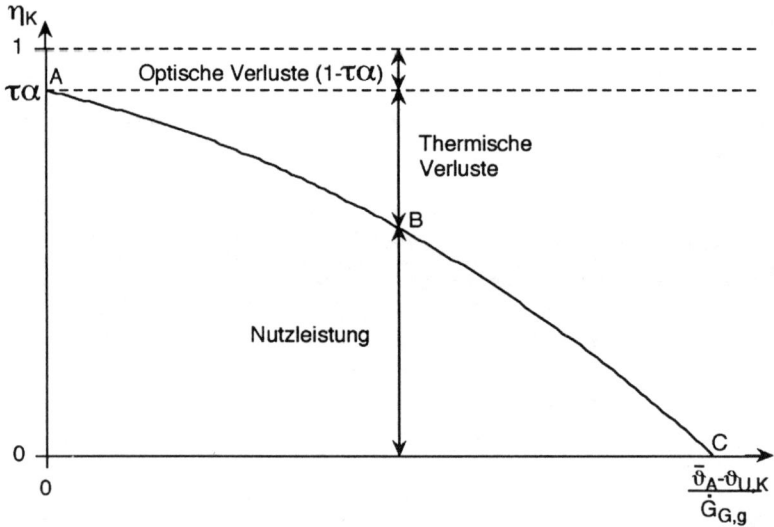

Abb 2.9 Wirkungsgradkennlinie eines Kollektors

Optische Verluste, optischer Wirkungsgrad:
Die optischen Verluste entstehen dadurch, daß die Kollektorabdeckung nicht 100% durchlässig ist und der Absorber im Kollektor keine 100%ige

Absorptionsfähigkeit besitzt. Diese Vorgänge werden durch den Trans-
missionskoeffizienten τ der Abdeckung und den Absorptionskoeffizienten
α des Absorbers beschrieben. Das Produkt aus τ und α ist der optische
Wirkungsgrad (Punkt A der Wirkungsgradkennlinie in Abb. 2.9). Er ist
der höchste Wirkungsgrad für einen Kollektor und wird nur erreicht,
wenn der Kollektor auf Umgebungstemperatur ist. Die optischen Verluste
ergeben sich dann zu $(1 - \tau\alpha)$. Bei heutigen Kollektoren liegen τ und α in
der Größenordnung von 0,9, d.h. der optische Wirkungsgrad bei 0,8 -
0,85 und damit die optischen Verluste bei 15 - 20 %.

Thermische Verluste:
Die thermischen Verluste eines Kollektors setzen sich aus Konvektion,
Leitung und Strahlung zusammen. Dabei tritt an den gut isolierten Seiten-
flächen sowie der Rückwand eines Kollektors hauptsächlich Wärmelei-
tung auf, an der Vorderseite (meist Glasabdeckung) hingegen dominieren
Wärmekonvektion und Strahlung. Diese Vorgänge werden vereinfachend
durch den mittleren Wärmedurchgangskoeffizienten $U_{L,K}$ des Kollektors
zusammengefaßt. Damit ergeben sich die thermischen Verluste zu

$$\dot{Q}_{V,K,th} = U_{L,K} \cdot A_K \cdot \left(\vartheta_A - \vartheta_{U,K} \right). \tag{2.22}$$

Sie sind u.a. abhängig von der Differenz aus der mittleren Kollektortem-
peratur und der Umgebungstemperatur.

Arbeitspunkt des Kollektors:
In der Abb 2.9 ist der Punkt B als Beispiel für einen Arbeitspunkt eingetragen. Man kann für jeden Arbeitspunkt auf der y-Achse den Wirkungsgrad ablesen. Der Arbeitspunkt richtet sich nach der Solareinstrahlung
$\dot{G}_{G,g}$ auf den Kollektor und der Differenz aus mittlerer Kollektor- und
Umgebungstemperatur. Je größer diese Differenz wird, umso größer werden die thermischen Verluste, d.h. der Arbeitspunkt wandert auf der Kur-
ve in Richtung Punkt C.

Stillstandstemperatur:
Die Stillstandstemperatur ist die höchste Temperatur, die ein Kollektor
erreichen kann. Sie ist abhängig von der Einstrahlung und den Kollektor-
kennwerten $\tau\alpha$ und $U_{L,K}$. In Abb 2.9 ist die Stillstandstemperatur im Punkt
C erreicht. Dort sind die Gewinne (durch Einstrahlung) und die optischen
und thermischen Verluste gleich, d.h. der Kollektor gibt keine Nutzleistung ab. Bei heutigen Kollektoren können Stillstandstem-peraturen bis
zu 200 °C und sogar darüber auftreten.

zu 2.   Der Arbeitspunkt ändert sich zunächst mit den Einstrahlungsverhältnis-
sen. Außerdem hat man jedoch auch Möglichkeiten, diesen Arbeitspunkt
bewußt über die Veränderung des Durchflusses einzustellen. Bei größe-
rem Durchfluß wandert der Arbeitspunkt auf der Wirkungsgradkennlinie

(s. Abb 2.9) in Richtung Punkt A und umgekehrt. In der Praxis kann die Durchflußänderung durch eine Änderung der Pumpenleistung erfolgen.

zu 3.   a. Speicherkollektor (Einkreisanlage).

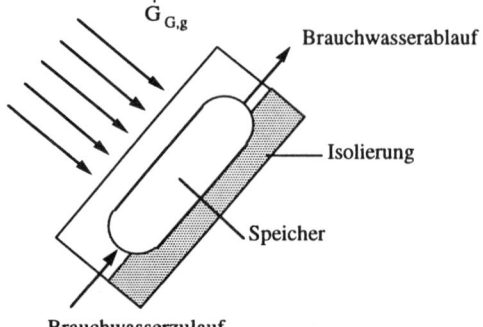

Abb. 2.10 Speicherkollektor (Einkreisanlage)

b. Zweikreisanlage im Inselbetrieb.

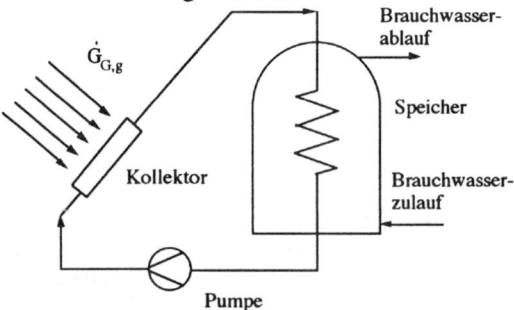

Abb. 2.11 Zweikreisanlage im Inselbetrieb

c. Zweikreisanlage mit Nachheizung durch vorhandenen Heizkessel.

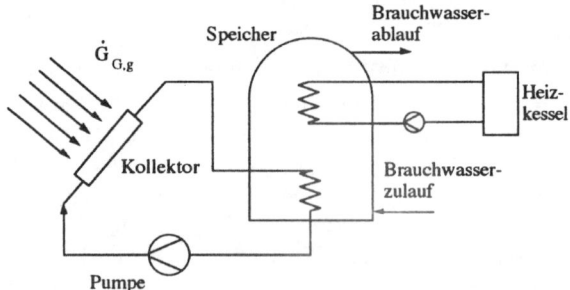

Abb. 2.12 Zweikreisanlage mit Nachheizung durch vorhandenen Heizkessel

d. Dreikreisanlage im Inselbetrieb. Für Nachheizung durch z.B. Heizkessel kann eine Abänderung des Speichers entsprechend c. erfolgen.

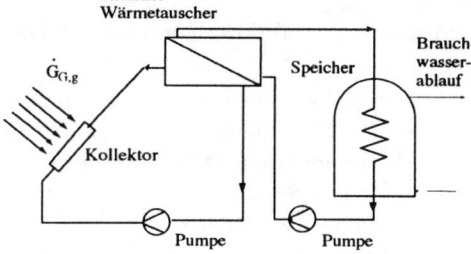

Abb. 2.13 Dreikreisanlage im Inselbetrieb

zu 4. Die solare Deckungsrate D_S gibt das Verhältnis der solar erzeugten Wärmeenergie zum gesamten Wärmeenergieverbrauch an.

zu 5. Der wichtigste Wert ist der Energieverbrauch (Menge und Verteilung). Obwohl Durchschnitts- bzw. Erfahrungswerte vorliegen, sollte er sinnvollerweise durch eine registrierende Messung über einen längeren Zeitraum (möglichst ein Jahr) bestimmt werden.

zu 6. Kollektor (tägliche Betriebszeit beträgt 6h):

$$Q_{v,K} = A_K \cdot U_{L,K} \cdot \Delta\vartheta_K \cdot t = 5\ m^2 \cdot 4\ W/m^2K \cdot 35\ K \cdot 6\ h = 4{,}2\ kWh \qquad (2.23)$$

Speicher:
$$Q_{v,S} = U_{L,Sp} \cdot \Delta\vartheta_{Sp} \cdot t = 3\ W/K \cdot 10\ K \cdot 24\ h = 0{,}72\ kWh \qquad (2.24)$$

Gesamtverluste:
$$Q_v = Q_{v,K} + Q_{v,S} = 4{,}2\ kWh + 0{,}72\ kWh = 4{,}92\ kWh \qquad (2.25)$$

zu 7. Vom Stillstand aus (Durchfluß = 0; solare Deckung = 0) steigt die solare Deckungsrate mit zunehmendem Durchfluß steil an, um im vorliegenden Fall (Abb. 2.6) bei einem Wert von etwa 40 bis 80 kg/m²h konstant zu bleiben.

zu 8. Das Speichervolumen sollte (bezogen auf die Kollektorfläche!) einen Wert von 50 l/m² nicht wesentlich unterschreiten. Eine Vergrößerung hat kaum Einfluß auf die solare Deckungsrate (vgl. Abb. 2.7).

zu 9. Die Kollektorkennwerte $U_{L,K}$ und $\tau\alpha$ haben großen Einfluß auf die solare Deckungsrate und sind daher viel wichtiger als das Speichervolumen (vgl. Abb. 2.8). Allerdings sind heute die Kennwerte der Kollektoren namhafter Hersteller so gut, daß bei einer Auslegung kaum Unterschiede bei unterschiedlichen Kollektoren gleichen Bautyps auftreten.

zu 10. Natürlich gibt es optimale Winkel, doch können Neigung und Ausrichtung innerhalb bestimmter Bandbreiten schwanken, ohne die Leistungsfähigkeit der Anlage stark zu beeinträchtigen. Sinnvoll sind folgende Bereiche (vgl. Abbn. 2.3 -2.5):

Ausrichtung: ± 50° Abweichung von der Südrichtung

Neigung: 20° - 60° .

Man erkennt leicht, daß ein sehr großer Teil der vorhandenen Dächer für eine Solaranwendung geeignet ist!

zu 11. Diese Aussage gilt nicht! Wirkungsgrad und Deckungsrate hängen zwar miteinander zusammen, aber es gilt eher umgekehrt: „Je größer die Deckungsrate, umso kleiner der Systemwirkungsgrad." Das kommt daher, daß bei hoher Jahresdeckungsrate das System für den Sommerfall eher überdimensioniert ist. Daraus ergeben sich höhere Systemtemperaturen und somit niedrigere Wirkungsgrade. Um einen höheren Wirkungsgrad zu erzielen, geht man daher dazu über, die Anlage eher unterzudimensionieren. Man spricht in dem Fall von solarer Vorwärmung.

Anhang D: Beispielhafte Versuchsergebnisse

Lösungen zum 1. Termin:

Vorschlag für Fragebogen:
- Wasserverbrauch/Person und Tag?
- Anzahl der Personen ?
- Wassertemperatur Heißwasser ?
- Wassertemperatur Kaltwasser ?
- Urlaub im Sommer?
- Lage des Gebäudes
  Orientierung nach Süden ?
  Dachneigung ?
  Umgebungsbedingungen
  (z.B. Abschattung)?
- Einstrahlungsdaten
- Ist schon ein System vorhanden (wegen evtl. Kopplung)?

Vorgegebene Annahmen: 70 l/Pers/d.

4 Personen

Heißwasser   45 °C

Kaltwasser   10 °C

Auslegung nur für Sommermonate d.h.:

$$Q_N = m \cdot c \cdot \Delta \vartheta \cdot \Delta t$$

$$= 280 \text{ l/d} \cdot 1{,}16 \text{ Wh/kgK} \cdot (45 - 10) \text{ K} \cdot 1 \text{ d}$$

$$= 11368 \text{ Wh} = 11{,}4 \text{ kWh} .$$

Auslegungsmethode A:

$$A_K = 1,5 \text{ m}^2/\text{Pers.} \cdot 4 \text{ Pers.} = 6 \text{ m}^2$$

$$V_{Sp} = 100 \text{ l/Pers.} \cdot 4 \text{ Pers.} = 400 \text{ l}$$

Auslegungsmethode B:

$$\eta_{sys} = 0,33 = Q_N / Q_{in} = Q_N / (G_{G,g} \cdot A_K)$$

$$A_K = \frac{Q_N}{G_{G,g} \cdot \eta_{sys}}$$

$$A_K = 11,4 \text{ kWh} / (5,5 \text{ kWh/m}^2 \cdot 0,33) = 6,28 \text{ m}^2 \approx 6 \text{ m}^2$$

$$V_{Sp} = b \cdot \frac{Q_{N,S}}{c \cdot \rho_W (t_{HW} - t_{KW})}$$

$$V_{Sp} = \frac{1,75 \cdot 11400 \text{ Wh}}{1,16 \text{ Wh/kgK} \cdot (45 - 10)\text{K} \cdot 1000 \text{ kg/m}^3} = 0,493 \text{ m}^3$$

493 l ———> 500 l (gewählt)

Auslegungsmethode C:

Mit den Wetterdaten aus Anhang B (geneigte Fläche von 40°, Orientierung nach Süden) und unter der Annahme einer Deckungsrate von 100% errechnen sich die Kollektorflächen entsprechend Tabelle 2.3. Abbildung 2.14 zeigt das zugehörige Diagramm.

Tabelle 2.3 Monatliche Kollektorfläche

	Jan.	Febr.	März	April	Mai	Juni
A_K/m^2	28,1	17,3	11,9	9,0	7,4	7,1
A_K gew.	28	18	12	10	8	8

	Juli	Aug.	Sept.	Okt.	Nov.	Dez
A_K/m^2	7,3	7,7	9,4	13,5	23,5	38,4
A_K gew.	8	8	10	14	24	38

Das Speichervolumen wird analog zur Auslegungsmethode B berechnet.

Die ermittelte monatliche Nutzenergie, die Jahresnutzenergie sowie die entsprechende solare Deckungsrate zeigen Tabelle 2.4 und die Abb. 2.15 und 2.16.

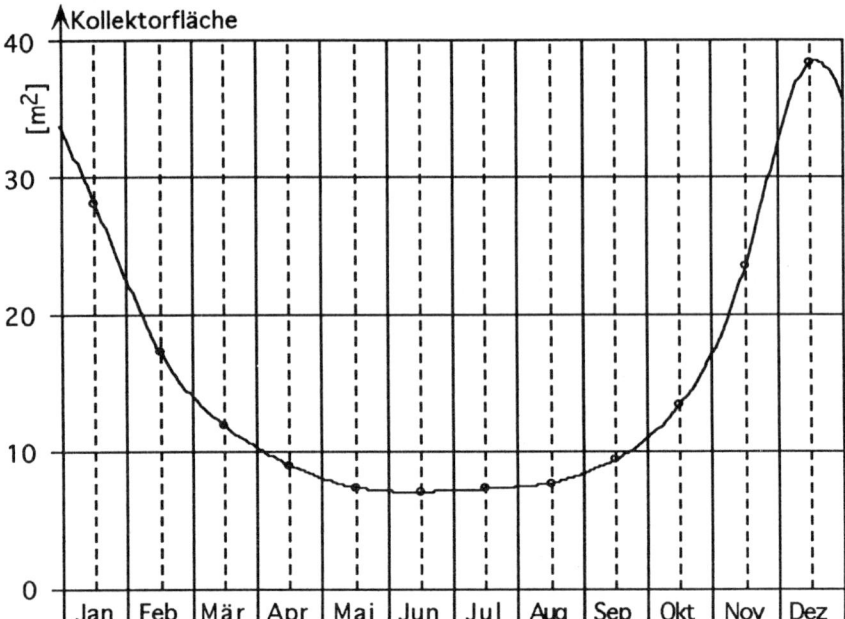

Abb. 2.14 Nach Methode C ermittelte monatliche Kollektorflächen

Tabelle 2.4 Solare Deckungsrate und solare Nutzenergie für Kollektorflächen von 2 m², 6 m² und 15 m²

	$A_K =$ 2 m²		$A_K =$ 6 m²		$A_K =$ 15 m²	
	($\eta_{sys} =$ 0,4)		($\eta_{sys} =$ 0,33)		($\eta_{sys} =$ 0,25)	
	Q_N kWh	D_S %	Q_N kWh	D_S %	Q_N kWh	D_S %
Januar	29,5	8,6	73,1	21,4	138,4	40,5
Februar	48,0	14,0	118,8	34,7	225,0	65,8
März	69,6	20,4	172,8	50,4	326,3	95,4
April	92,2	26,9	228,1	66,7	342,0	100,0
Mai	111,6	32,6	276,2	80,8	342,0	100,0
Juni	117,6	34,4	291,1	85,1	342,0	100,0
Juli	113,0	33,1	279,8	81,8	342,0	100,0
August	108,0	31,6	267,3	78,2	342,0	100,0
Sept.	88,1	25,8	218.0	63,7	342,0	100,0
Okt.	61,2	17,9	151,5	44,3	286,9	83,9
Nov.	35,3	10,3	87,3	25,5	165,4	48,4
Dez.	21,6	6,3	53,5	15,6	101,3	29,6
Jahressumme bzw. -durch schnitt	895	22	2217	54	3295	80

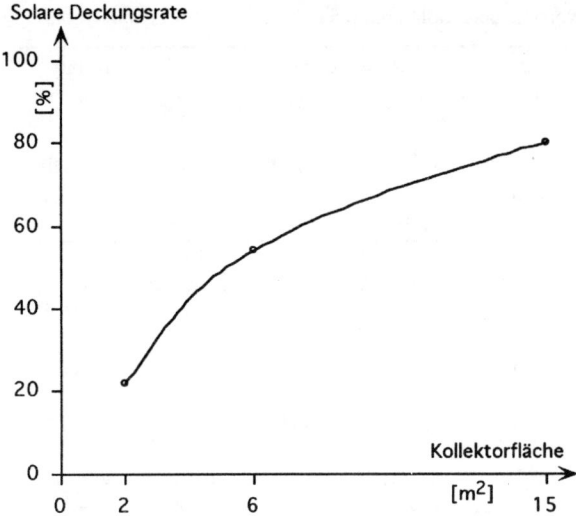

Abb. 2.15 Solare Jahresdeckungsrate in Abhängigkeit von der Kollektorfläche

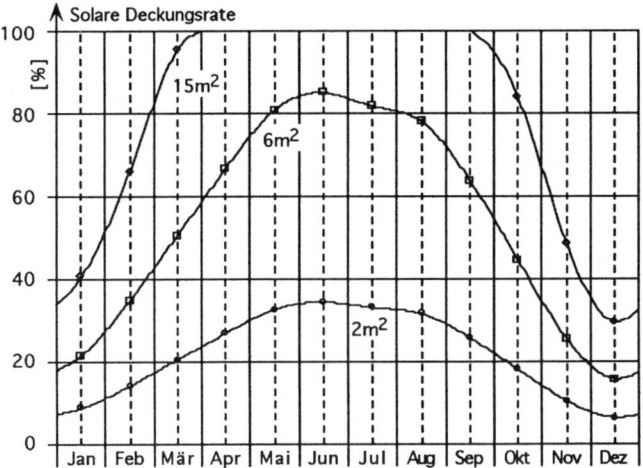

Abb. 2.16 Jahresverlauf der solaren Deckungsrate

Zu beachten ist hierbei, daß bei der Anlage mit 15 m² die Deckungsrate in den Monaten April bis September die 100% übersteigt. Da der Bedarf aber nicht größer ist, wird sie bei 100% „abgeschnitten".

Lösungen zum 2. Termin:

Die Ergebnisse für die untersuchten 3 Varianten mit und ohne Subvention zeigt Tabelle 2.5, die entsprechenden Diagramme die Abb. 2.17 und 2.18.

Tabelle 2.5 Kostenvergleich für verschiedene Solaranlagen

	$A_K =$ 2 m^2 ($\eta_{sys} =$ 0,4)		$A_K =$ 6 m^2 ($\eta_{sys} =$ 0,33)		$A_K =$ 15 m^2 ($\eta_{sys} =$ 0,25)	
	ohne Sub-vention	mit Sub-vention	ohne Sub-vention	mit Sub-vention	ohne Sub-vention	mit Sub-vention
Investition (DM)	5000,--	3750,--	9000,--	6750,--	15000,--	11250,--
Annuität (1/a)	0,0726	0,0726	0,0726	0,0726	0,0726	0,0726
Kapitaldienst (DM/a)	363,--	272,25	653,40	490,05	1089,--	816,75
Betriebskosten (DM/a)	72,60	72,60	130,68	130,68	217,80	217,80
Jahreskosten (DM/a)	435,60	344,85	784,08	620,73	1306,80	1034,55
Kapitaleinsatz (DM)	8712,--	6897,--	15681,60	12414,60	26136,--	20691,--
Energiekosten (DM/kWh)	-,49	-,39	-,35	-,28	-,40	-,31

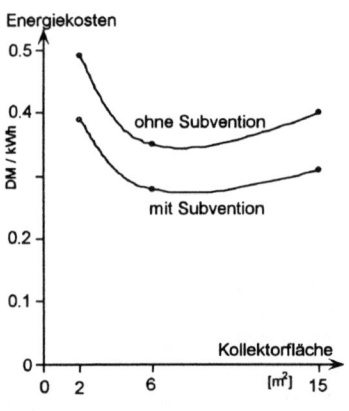

Abb. 2.17 Energiekosten in Abhängigkeit von der Kollektorfläche

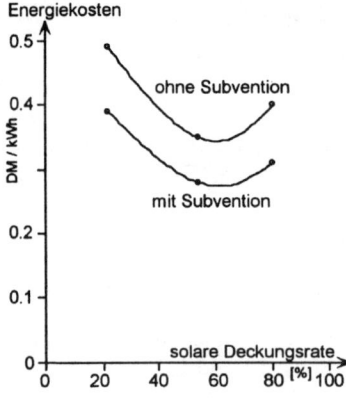

Abb. 2.18 Energiekosten in Abhängigkeit von der solaren Deckungsrate

Zur Berechnung der Amortisationszeit bekommen die Versuchsteilnehmer ein Rechenprogramm. Exemplarisch sind die Lösungen für eine Ölzentralheizung (Fall 1a) ohne Subvention in der Abb. 2.19 und der Tabelle 2.6 und mit Subvention in der Abb. 2.20 und Tabelle 2.7 angegeben.

Lebensdauer (a):	20 a	**Marksituation:**	
Kollektorfläche (qm):	6 qm	(Bank-) Zinssatz (%/a):	8 %/a
Speichervolumen (l):	500 L	Inflationsrate (%/a):	4 %/a
Kosten:		E.-preissteigerung (%/a):	8 %/a
Anlagenpreis (DM):	9.000,00 DM	**Gruppe:**	Zinsfaktor: 1,0385
Subvention (%):			Annuität: 0,0726 1/a
Betriebskosten (%/a):	1 %/a	Konventionelles System:	Kapitaldienst: 635,25 DM/a
Rückflüße:			Betriebskosten: 130,65 DM/a
			Jahreskosten: 783,89 DM/a
Eingesparte Brennstoffkosten Bke,o nach Gl. 2.18 (DM/a):	287,43 DM/a	Amortisiert nach 23 Jahren	Investition: 9.000,00 DM
			Kapitaleinsatz: 15.677,89 DM
Vom Solarsystem bereitgestellte Energie (kWh/a):	2216,8 kWh/a	Nettogewinn 2.464,67 DM nach 25 Jahren	Energiekosten: 0,35 DM/kWh

Abb. 2.19 Berechnung der Wirtschaftlichkeit der Solaranlage ohne Subvention

Tabelle 2.6 Berechnung der Wirtschaftlichkeit der Solaranlage ohne Subvention

Gruppe: 0   0   Subvention: 0%

Nach Jahren	Eingesparte Brennstoffkosten Bke,I (DM)	Betriebskosten (DM)	Kapitaldienst plus Betriebskosten Ka,I (DM)	Gewinn/Verlust im Jahhre I NG,I (DM)	Summe der Gewinne/Verluste NG (DM)
1	310,42	93,60	746,85	-436,42	-436,42
2	335,26	97,34	750,59	-415,33	-851,75
3	362,08	101,24	754,48	-392,40	-1.244,16
4	391,05	105,29	758,53	-367,49	-1.611,64
5	422,33	109,50	762,74	-340,42	-1.952,06
6	456,12	113,88	767,12	-311,01	-2.263,07
7	492,60	118,43	771,68	-279,07	-2.542,14
8	532,01	123,17	776,42	-244,40	-2.786,55
9	574,57	128,10	781,34	-206,77	-2.993,32
10	620,54	133,22	786,47	-165,93	-3.159,25
11	670,18	138,55	791,80	-121,61	-3.280,86
12	723,80	144,09	797,34	-73,54	-3.354,40
13	781,70	149,86	803,10	-21,40	-3.375,80
14	844,24	155,85	809,10	35,14	-3.340,66
15	911,78	162,08	815,33	96,45	-3.244,21
16	984,72	168,57	821,81	162,90	-3.081,31
17	1.063,50	175,31	828,56	234,94	-2.846,37
18	1.148,58	182,32	835,57	313,01	-2.533,36
19	1.240,46	189,62	842,86	397,60	-2.135,76
20	1.339,70	197,20	850,45	489,25	-1.646,51
21	1.446,87	205,09	858,33	588,54	-1.057,97
22	1.562,62	213,29	866,54	696,09	-361,88
23	1.687,63	221,82	875,07	812,56	450,68
24	1.822,65	230,70	883,94	938,70	1.389,38
25	1.968,46	239,93	893,17	1.075,29	2.464,67

Nettogewinn : 2.464,67 DM

Lebensdauer (a):	20 a
Kollektorfläche (qm):	6 qm
Speichervolumen (l):	500 L

Marksituation:

(Bank-) Zinssatz (%/a): 8 %/a

Inflationsrate (%/a): 4 %/a

E.-preissteigerung (%/a): 8 %/a

Kosten:

Anlagenpreis (DM):	9.000,00 DM
Subvention (%):	25
Betriebskosten (%/a):	1

Gruppe:
XXX

Konventionelles System:
Ölzentralheizung

Zinsfaktor:	1,0385
Annuität:	0,0726 1/a
Kapitaldienst:	489,93 DM/a
Betriebskosten:	130,65 DM/a
Jahreskosten:	620,58 DM/a
Investition:	6.750,00 DM
Kapitaleinsatz:	12.411,67 DM
Energiekosten:	0,28 DM/kWh

Rückflüße:

| Eingesparte Brennstoffkosten Bke,o nach Gl. 2.18 (DM/a): | 287,43 |
| Vom Solarsystem bereitgestellte Energie (kWh/a): | 2216,8 |

Amortisiert nach
18 Jahren

Nettogewinn 1.619,72 DM
nach 20 Jahren

Abb. 2.20 Berechnung der Wirtschaftlichkeit der Solaranlage mit einer Subvention von 25%

Tabelle 2.7 Berechnung der Wirtschaftlichkeit der Solaranlage mit einer Subvention von 25%

Gruppe: XXX   Ölzentralheizung   Subvention: 25%

Nach Jahren	Eingesparte Brennstoffkosten BKe,i (DM)	Betriebskosten (DM)	Kapitaldienst plus Betriebskosten Ka,i (DM)	Gewinn/Verlust im Jahre i NG,i (DM)	Summe der Gewinne/Verluste NG (DM)	Bemerkungen
1	310,42	93,60	583,53	-273,11	-273,11	
2	335,26	97,34	587,28	-252,02	-525,13	
3	362,08	101,24	591,17	-229,09	-754,22	
4	391,05	105,29	595,22	-204,18	-958,40	
5	422,33	109,50	599,43	-177,10	-1.135,50	
6	456,12	113,88	603,81	-147,70	-1.283,20	
7	492,60	118,43	608,37	-115,76	-1.398,96	
8	532,01	123,17	613,11	-81,09	-1.480,06	
9	574,57	128,10	618,03	-43,46	-1.523,51	
10	620,54	133,22	623,16	-2,62	-1.526,13	
11	670,18	138,55	628,49	41,70	-1.484,43	
12	723,80	144,09	634,03	89,77	-1.394,66	
13	781,70	149,86	639,79	141,91	-1.252,75	
14	844,24	155,85	645,79	198,45	-1.054,30	
15	911,78	162,08	652,02	259,76	-794,54	
16	984,72	168,57	658,50	326,22	-468,33	
17	1.063,50	175,31	665,25	398,25	-70,08	
18	1.148,58	182,32	672,26	476,32	406,24	Amortisiert
19	1.240,46	189,62	679,55	560,91	967,15	Amortisiert
20	1.339,70	197,20	687,14	652,56	1.619,72	Amortisiert

Nettogewinn : 1.619,72 DM

Die beim Einsatz einer Solaranlage durch Substitution verschiedener Energie-träger vermiedenen Schadstoffemissionen sind in Tabelle 2.8 dargestellt. Es wird eine Anlage mit 6 m² Kollektorfläche (incl. Bereitstellung der Energieträger) betrachtet.

$$Q_N \quad = 2217 \text{ kWh/a}$$
$$Q_{el} \quad = 2217 \text{ kWh/a}$$
$$Q_{\ddot{O}l} \quad = Q_N / \eta_K = 2217 / 0,38 = 5834 \text{ kWh/a}$$
$$Q_{Gas} = Q_N / (\eta_K \, \eta_{BW}) = 2216,7 / (0,85 \cdot 1,05)$$
$$\qquad\quad = 2484 \text{ kWh/a}$$

Tabelle 2.8 Vermiedene Schadstoffemissionen bei Einsatz einer Solaranlage

	Strom 1 Jahr (in g)	Strom 20 Jahre (in kg)	Öl 1 Jahr (in g)	Öl 20 Jahre (in kg)	Gas 1 Jahr (in g)	Gas 20 Jahre (in kg)
Staub	127	2,6	101	2,02	10	0,2
SO_2	830	16,6	2308	46,2	59	1,2
NO_x	1668	33,4	2104	42,1	397	7,9
CO	3735	74,7	1407	28,1	1230	24,6
CO_2	1339	26,8	1731	34,6	527	10,5
CH_4	3288	65,8	327	6,5	2183	43,7
Flüchtige KW ohne CH_4	1947	38,9	884	17,7	659	13,2

3 Windenergiekonverter (WEK)

A. Neskakis, S. Arenz und S. Usbeck

3.1 Versuchsziel

Ziel dieses Versuches ist die Vermittlung der Grundlagen der Windenergienut-
zung. Dazu werden die charakteristischen Kennlinien eines Windrades aufgenommen.

Der auf dem Gebäudedach befindliche Windenergiekonverter liefert jeweils
eine Woche lang Daten, mit denen sein Betriebsverhalten untersucht wird. Zur
Bestimmung seiner charakteristischen Daten wird er außerdem im Labor vermessen.

3.2 Einige Grundlagen

3.2.1 Die Leistung des Windes

Die kinetische Energie eines Körpers der Masse m und der Geschwindigkeit v
ist:

$$E_{kin} = \frac{m \cdot v^2}{2} \; . \tag{3.1}$$

Die auf die Fläche A senkrecht mit der Windgeschwindigkeit v_W treffende Luft
der Dichte ρ stellt einen Massenstrom dm/dt dar:

$$\frac{dm}{dt} = \rho \cdot A \cdot \frac{dx}{dt} = \rho \cdot A \cdot v_W \; . \tag{3.2}$$

Somit ergibt sich die auf diese Fläche treffende Leistung zu

$$P_W = \frac{dE}{dt} = \frac{1}{2} \cdot v_W^2 \cdot \frac{dm}{dt} = \frac{1}{2} \cdot \rho \cdot A \cdot v_W^3 \; . \tag{3.3}$$

Die Windleistung hängt also ab:
- von der Luftdichte (ρ gleich ca. 1,22 kg/m³),
- von der durchströmten Fläche A und damit quadratisch vom Radius r einer
  vom Windflügel überstrichenen Kreisfläche,
- von der dritten Potenz der Windgeschwindigkeit.

Abhängig vom Arbeitsprinzip des Windkonverters kann ein gewisser Prozentsatz der Windleistung als Nutzleistung P_N entnommen werden.

3.2.2 Häufigkeitsverteilung des Windes

Die mittlere Geschwindigkeit am Standort gibt keine ausreichende Information über die Schwankungen des Windes. Einer mittleren Windgeschwindigkeit von 5 m/s in 10 m Höhe könnte z.B. ein konstanter Wind von 5 m/s zugrunde liegen, aber auch ein Orkan, der vier Stunden lang mit 30 m/s weht, und eine darauffolgende 20stündige Windstille.

Die Tagesenergie pro m^2 beträgt dabei im ersten Fall

$$E = 1/2 \cdot 1{,}22 \text{ kg/m}^3 \cdot (5 \text{ m/s})^3 \cdot 24 \text{ h} = 1830 \text{ Wh/m}^2$$

im zweiten Fall

$$E = 1/2 \cdot 1{,}22 \text{ kg/m}^3 \cdot (30 \text{ m/s})^3 \cdot 4 \text{ h} = 65880 \text{ Wh/m}^2 \; .$$

Durch entsprechende Messungen erhält man Informationen über die Anteile der verschiedenen Geschwindigkeiten. Dabei werden die gemessenen Windgeschwindigkeitswerte normalerweise in Klassen mit einer Breite von 1 m/s eingeteilt und in einer Häufigkeitsverteilung dargestellt.

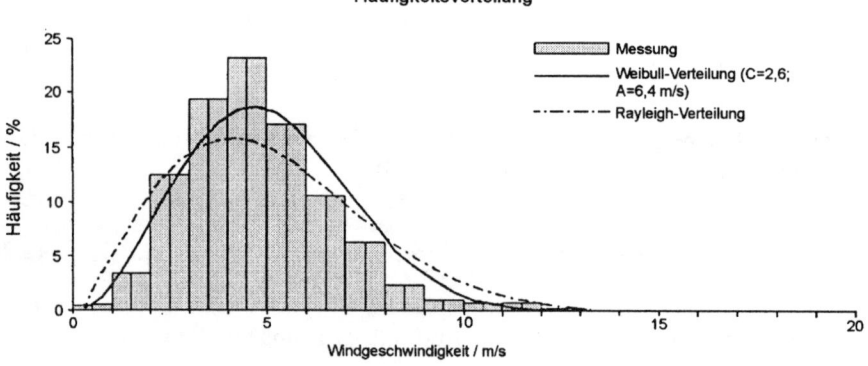

Abb. 3.1 Typische Häufigkeitsverteilung von Windgeschwindigkeiten [3.6]

Mathematisch lassen sich die Meßwerte z.B. durch eine „Weibull-Verteilung" mit einem Formparameter C ($1 < C < 3$) und einem Skalierungsfaktor A beschreiben:

$$h(v) = \frac{C}{A} \cdot \left(\frac{v}{A}\right)^{(C-1)} \cdot e^{-\left(\frac{v}{A}\right)^C} \; . \tag{3.4}$$

Für viele Standorte in Europa gibt die Rayleigh-Verteilung (Sonderform der Weibull-Verteilung mit $C = 2$) das Histogramm der Windgeschwindigkeitsmessungen gut wieder:

$$h(v) = \frac{\pi}{2} \cdot \left(\frac{v}{v_m^2} \right) \cdot e^{-\left(\frac{\pi}{4} \right)\left(\frac{v}{v_m} \right)^2} \tag{3.5}$$

mit v_m mittlere Windgeschwindigkeit $= A\left(0{,}568 + \dfrac{0{,}434}{C} \right)^{\left(\frac{1}{C} \right)}$

und $A = v_m \cdot \left(\dfrac{2}{\sqrt{\pi}} \right)$.

3.2.3 Der Widerstandskonverter

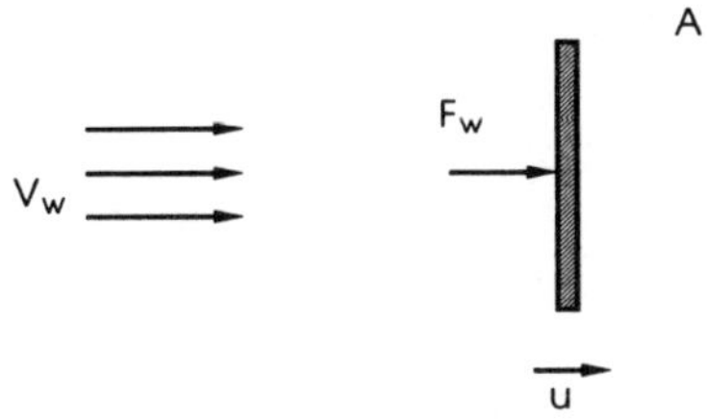

Abb. 3.2 Widerstandskonverter

Ein Widerstandskonverter entzieht dem Wind eine Leistung, indem sich die Fläche A, auf die die Windkraft F_w wirkt, mit der Geschwindigkeit u fortbewegt. Die Kraft F_w ist vom Staudruck, von der Größe der Fläche A und von der Form der Fläche abhängig. Letztere wird mit dem c_w–Wert (Widerstandsbeiwert) berücksichtigt. Der Staudruck wirkt auf die Fläche mit der Anströmgeschwindigkeit ($c = v_w - u$):

$$P_N = F_W \cdot u = \frac{c_w \cdot \rho \cdot A \cdot (v_W - u)^2}{2} \cdot u \ . \tag{3.6}$$

Der theoretische Wirkungsgrad des Widerstandskonverters ergibt sich mit (3.3) und (3.6) zu

$$c_{P,W} = \frac{P_N}{P_W} = c_W \cdot \left[1 - \left(\frac{u}{v_W} \right) \right]^2 \cdot \frac{u}{v_W} \ . \tag{3.7}$$

Führt man die Schnellaufzahl λ als Verhältnis u/v_w ein, so ergibt sich

$$c_{P,W} = c_W \cdot (1-\lambda)^2 \cdot \lambda .\qquad(3.8)$$

Der ideale Widerstandskonverter erreicht, wie durch Kurvendiskussion der Funktion $c_{P,w}(\lambda)$ gezeigt werden kann, seinen optimalen Wirkungsgrad bei einer Schnellaufzahl von

$$\lambda_{opt} = \frac{1}{3} .$$

Abhängig vom Widerstandsbeiwert c_W liegt der reale Leistungsbeiwert $c_{P,W}$ bei Werten kleiner 20%.

Die Funktion ergibt nur in den Grenzen $0 < \lambda < 1$ einen Sinn, da sich bei $\lambda = 0$ die Anlage überhaupt nicht bewegt und bei $\lambda = 1$ im Leerlauf ($u = v_W$) befindet.

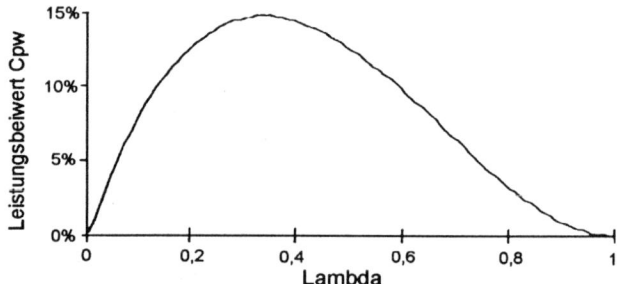

Abb. 3.3 Leistungsbeiwert eines idealen Widerstandskonverters mit $c_W = 1$

3.2.4 Der Auftriebskonverter

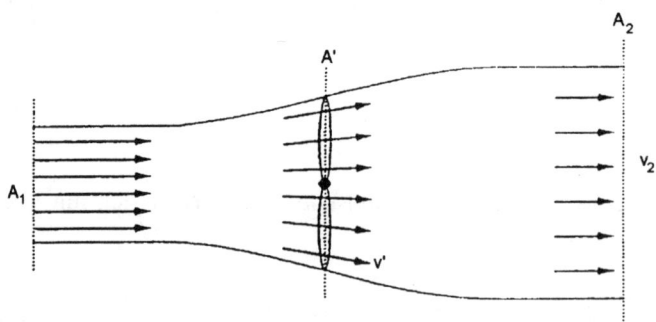

Abb. 3.4 Strömungsverlauf eines freiumströmten Windenergiekonverters

Ein Windenergiekonverter verzögert die Geschwindigkeit der durch seine Rotorfläche hindurchtretenden Luft. Dabei weitet sich die Strömung auf (durch in die
Strömung gehaltene Fäden oder geleiteten Rauch sichtbar zu machen!). Der
Massenstrom durch die Querschnittsflächen bleibt gleich, was in der Kontinuitätsgleichung ausgedrückt wird:

$$\frac{dm}{dt} = A_1 \cdot v_1 \cdot \rho_1 = A' \cdot v' \cdot \rho'$$

$$= A_2 \cdot v_2 \cdot \rho_2 = \text{const.} \qquad . \tag{3.9}$$

Da die Dichte ebenfalls konstant bleibt (keine Kompression, Geschwindigkeiten
weit unterhalb der Schallgeschwindigkeit) gilt:

$$A_1 \cdot v_1 = A' \cdot v' = A_2 \cdot v_2 = \text{const.} \quad . \tag{3.10}$$

Die dem Wind entzogene Nutzleistung entspricht der Differenz zwischen Ein-
gangs- und Ausgangsleistung des Windes:

$$P_N = \frac{dm}{dt} \cdot \frac{\left(v_1^2 - v_2^2\right)}{2} \quad . \tag{3.11}$$

Das Windrad bremst den Wind mit einer Schubkraft F in der Windradebene, in
der die Geschwindigkeit v' herrscht, ab. Die vom Wind auf das Windrad über-
tragene Leistung ist demnach:

$$P_N = F \cdot v' \quad . \tag{3.12}$$

Die Kraft F entspricht dem Impulsverlust der Strömung

$$F = \frac{dm}{dt} \cdot \left(v_1 - v_2\right) \quad . \tag{3.13}$$

somit ist

$$P_N = \frac{dm}{dt} \cdot \left(v_1 - v_2\right) \cdot v' \quad . \tag{3.14}$$

Setzt man die Gleichung (3.14) mit Gleichung (3.11) gleich, so ergibt sich:

$$v' = \frac{v_1 + v_2}{2} \quad . \tag{3.15}$$

Das hei_t die Strömungsgeschwindigkeit in der Ebene des Rotors ist gleich dem Mittel der Strömungsgeschwindigkeiten in einiger Entfernung vor und hinter dem Windrad.

Der theoretische Wirkungsgrad des Auftriebskonverters ergibt sich mit $dm/dt = \rho \cdot A' \cdot v'$ und Gleichung (3.14), (3.15) und (3.3) zu

$$c_{P,A} = \frac{P_N}{P_W} = \frac{\rho \cdot A' \dfrac{(v_1 + v_2)}{2} \dfrac{(v_1^2 - v_2^2)}{2}}{\dfrac{\rho \cdot A_1 \cdot v_1^3}{2}} . \qquad (3.16)$$

Wird die Querschnittserweiterung vernachlässigt ($A' = A_1$), so ergibt sich die folgende Gleichung:

$$c_{P,A} = \frac{1}{2}\left(1 + \frac{v_2}{v_1}\right)\left(1 - \left(\frac{v_2}{v_1}\right)^2\right). \qquad (3.17)$$

Man bezeichnet das Verhältnis v_2/v_1 als Abbremszahl ξ. Durch Kurvendiskussion erhält man einen maximalen Wirkungsgrad des Auftriebskonverters bei einer Abbremszahl von 1/3.

Zu bemerken ist, daß die Funktion nur in den Grenzen $0 < \xi < 1$ sinnvoll ist, wobei wiederum der Bereich $0 < \xi < 0,2$ auszuklammern ist, da hier Effekte verstärkt auftreten, die beim Ansatz der Herleitung außer acht gelassen wurden:

- Kontinuitätsgleichung gilt bei starker Verblockung, d.h. kleinem ξ nicht mehr,
- die ankommende Energie wird teilweise in Verwirbelung der Abströmung umgesetzt.

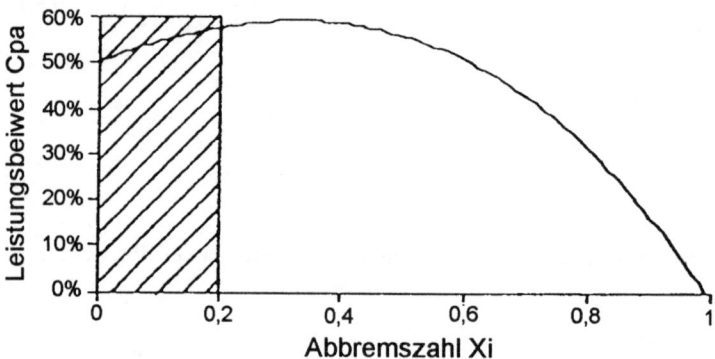

Abb. 3.5 Leistungsbeiwert eines idealen Auftriebskonverters

Der wesentliche Unterschied zwischen beiden Prinzipien liegt in der Größe der Anströmgeschwindigkeit c:

- Beim Widerstandskonverter ist c immer kleiner als die Windgeschwindigkeit v_w und die Schnellaufzahl λ kleiner als 1:

$$c = v_w - u = v_w \cdot (1-\lambda) \ . \tag{3.18}$$

- Beim Auftriebskonverter ist c immer größer als v_w und λ kann bis zu 15 betragen:

$$c = \sqrt{v_w^2 + u^2} = v_w \sqrt{1 + \lambda^2} \ . \tag{3.19}$$

Geht man von einem festen Blattwinkel aus, ergibt sich die Anströmgeschwindigkeit c am Flügel eines nach dem Auftriebsprinzip arbeitenden Windrades aus der vektoriellen Addition von Windgeschwindigkeit v' und Eigengeschwindigkeit u des Blattes (Abb. 3.6).

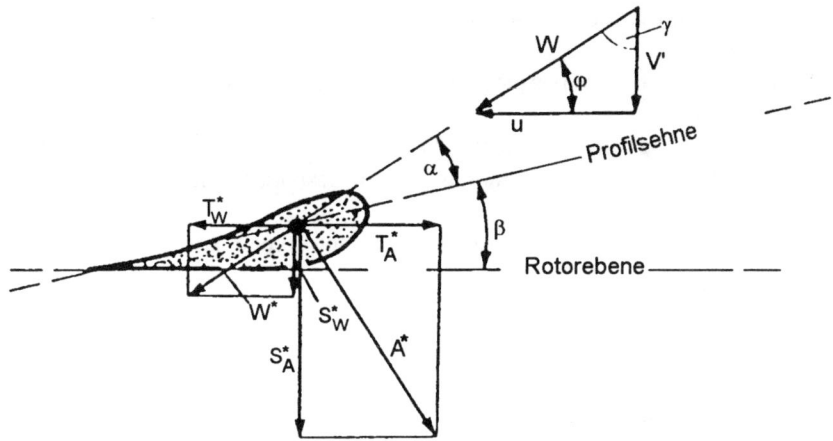

Abb. 3.6 Geschwindigkeiten und Kräfte an einem Windrotorblatt [3.1]

Die entstehende Auftriebskraft A ist von diesem Anströmwinkel abhängig und steht definitionsgemäß senkrecht zur Anströmgeschwindigkeit. Die zur Achsrichtung senkrechte Komponente T_{A^*} der Auftriebskraft beschleunigt den Flügel in Drehrichtung.

Wird dem Windenergiekonverter keine Leistung entzogen, so dreht das Windrad bei einer bestimmten Windgeschwindigkeit immer schneller, bis irgendwann der Anströmwinkel so klein wird, daß die Strömung am Profil abreißt, d. h. die Auftriebskraft des Profils verlorengeht (Stall - Effekt). Das Windrad dreht mit einer hohen Leerlaufdrehzahl. Beginnt man nun den Windkonverter zu belasten, verringert sich die Drehzahl. Dadurch wird der Anströmwinkel größer, die Strömung legt sich ans Profil und es entsteht eine antreibende Kraft T_{A^*}. Man kann dem Windenergiekonverter nun immer mehr Leistung bei sinkender Drehzahl (also größer werdendem Anströmwinkel) abverlangen, bis man zum Punkt des Leistungsmaximums für die betrachtete Windgeschwindigkeit kommt. Die antreibende Kraft des Profils steigt noch leicht an bis zum Punkt des größten Drehmomentenbeiwertes, während die Drehzahl weiter fällt, wobei dem Windkonverter weniger Leistung abverlangt werden kann. Hat man jetzt eine Last, die ein höheres Drehmoment verlangt als das Windrad aufzubringen vermag, so fällt die Drehzahl bis zum Stillstand ab.

3.2.5 Windrad und Antriebsmaschine

Es ist auf eine gute Anpassung der Kennlinien von Windrad und angeschlossener Arbeitsmaschine zu achten. Die Schnelläufigkeit der Anlage ist ein durch die Konstruktion gegebenes Merkmal eines Windenergiekonverters. Sie hängt mit dem Bedeckungsgrad der Rotorfläche zusammen, der das Verhältnis von Flügelfläche zur Gesamtrotorfläche angibt. Dabei gilt:

* hoher Bedeckungsgrad ergibt hohes Anlaufdrehmoment und niedrige Schnellaufzahl
* niedriger Bedeckungsgrad ergibt niedriges Anlaufdrehmoment und hohe Schnellaufzahl.

Langsamläufer wie das amerikanische Windrad sind geradezu zum Wasser pumpen prädestiniert, während Schnelläufer sich besonders zum Antrieb eines Generators eignen.

Die Drehmomentenbeiwerte verschiedener Rotortypen sind in Abb. 3.7 dargestellt.

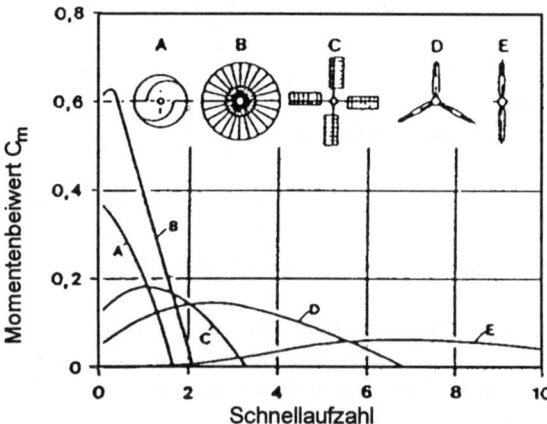

Abb. 3.7 Drehmomentenbeiwerte verschiedener Rotortypen [3.1]

Die Leistungskennlinie einer Windkraftanlage $P = f(n)$ ergibt sich aus der Kombination des Rotorkennfeldes mit der Kennlinie der gewählten Antriebsmaschine (Abb. 3.8).

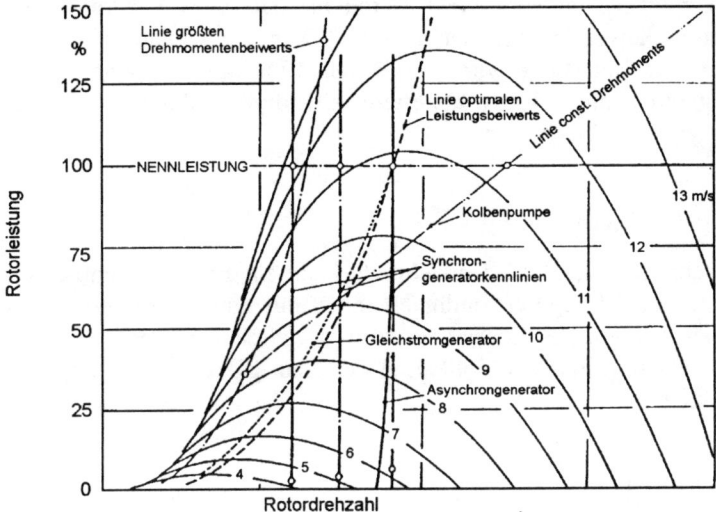

Abb. 3.8 Leistungs-Drehzahl-Kennfeld einer Windkraftanlage mit den Kennlinien der angetriebenen Arbeitsmaschinen [3.1]

3.2.6 Typische Leistungskurven

Eine typische stromerzeugende Anlage hat einen Arbeitsbereich von etwa 4 bis 24 m/s mit einer ausgeprägt nichtlinearen Kennlinie (Abb. 3.9).

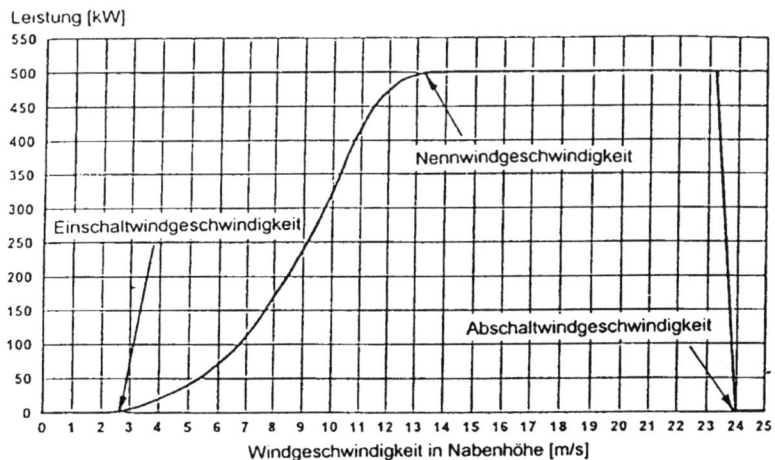

Abb. 3.9 Typische Kennlinie einer modernen Windkraftanlage mit 500 kW Nennleistung

Die Kurvenform im Bereich zwischen der Einschalt- und der Abschaltwindgeschwindigkeit ergibt sich aus der Kopplung von Rotor und Generator (vgl. Abb.
3.8).

Im Bereich zwischen der Einschalt- und der Abschaltwindgeschwindigkeit
wird die Anlage geregelt, in diesem Fall durch mechanisches Verdrehen der
Rotorblätter (Blattwinkelverstellung oder auch Pitch-Regelung genannt).

Wegen der hohen Belastung wird die Windkraftanlage bei sehr großen
Windgeschwindigkeiten (hier 24 m/s) abgestellt, z.B. durch Fahnenstellung der
Rotorblätter und „aus dem Wind drehen" des Rotors.

3.2.7 Ermittlung des Energieertrages

Wie aus den Abschn. 3.2.1 und 3.2.5 ersichtlich, kann zur Ertragsprognose we-
der mit einer mittleren Windgeschwindigkeit, noch mit einer mittleren WEK-
Leistung gerechnet werden. Der Energieertrag wird vielmehr, wie in Abb. 3.10
dargestellt, durch klassenweise Multiplikation der Häufigkeit mit der Leistung
der Anlage berechnet.

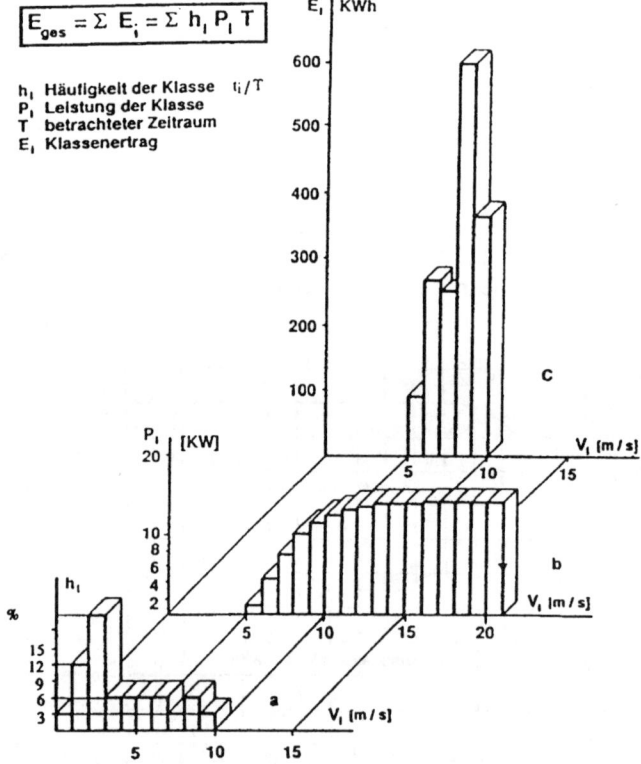

Abb. 3.10 Ermittlung des kWh-Ertrages für den Zeitraum T eines Monates (c) aus dem Wind-
histogramm (a) und der Anlagenkennlinie (b) [3.4]

h_i ist die relative Häufigkeit jeder Windgeschwindigkeitsklasse v_i, d.h. der Zeitanteil t_i der Gesamtzeit T, in der die Windgeschwindigkeit der jeweiligen Klasse weht. Der Ertrag im Zeitraum T, den die Anlage mit gegebener Maschinenkennlinie $P(n)$ bzw. $P_i(n)$ liefert, ergibt sich aus den Erträgen der einzelnen Klasse.

3.3 Verständnisfragen zum Versuch

1. Wie wird bei Aufnahme der Leerlaufkennlinie die Drehzahl gemessen? Nennen Sie prinzipielle Möglichkeiten.
2. Wie wird die Stromfrequenz gemessen?
3. Wie wird die Leerlaufspannung gemessen? Welchen Kurvenverlauf erwarten Sie?
4. Wie wird bei Aufnahme der Belastungskennlinie der Laststrom gemessen? Welchen Kurvenverlauf erwarten Sie?
5. Wie läßt sich aus Belastungskennlinie und Leerlaufkennlinie der Innenwiderstand (die Impedanz) des Generators bestimmen?
6. Welchen Kurvenverlauf erwarten Sie bei der Aufnahme der Ladekennlinie?
7. Welche Aufgabe hat der Gleichrichter?
8. Welche Aufgabe hat ein Laderegler?
9. Was bedeuten c_p und λ ?
10. Erklären Sie den prinzipiellen Unterschied zwischen Auftriebs- und Widerstandskonverter!
11. Welches sind die Unterschiede zwischen „Schnelläufer" und „Langsamläufer" (Schnellaufzahl, Drehmoment, Leistungsbeiwert, Lestungskurve)? Wo werden sie vorzugsweise eingesetzt?
12. Was ist der Unterschied zwischen „Pitch-" und „Stall-" Regelung?
13. Welche Meßwerte werden zur Charakterisierung des Windprofils aufgenommen?
14. Wie werden die Windgeschwindigkeitsdaten aufbereitet (Histogramm, Weibull-Funktion)?
15. Wie wird der Jahresenergieertrag einer Windenergieanlage ermittelt?

3.4 Aufgabenstellung/Versuchsdurchführung

Zunächst wird der auf dem Dach befindliche Windenergiekonverter abgebaut und im Labor vermessen. Mangels regelbarer Windgeschwindigkeit, mit der man den Windenergiekonverter beaufschlagen könnte (z.B. durch Windkanal), wird der Generator zunächst nicht mit Wind, sondern mit einer anderen Antriebsmaschine (z.B. Bohrmaschine, drehzahlsteuerbarer Motor) angetrieben.

3.4.1 Leerlaufkennlinie

Zunächst soll die Leerlaufspannung in Abhängigkeit von der Drehzahl aufgenommen werden: $U_0 = f(n)$.

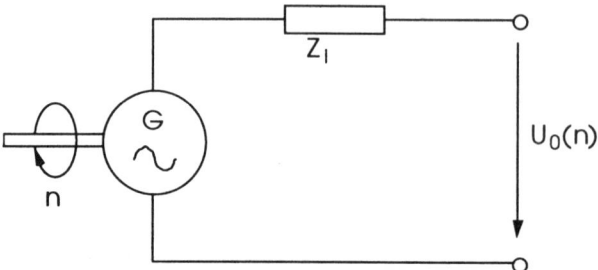

Abb. 3.11 Schaltung zur Aufnahme der Leerlaufkennlinie

Ermitteln Sie das Verhältnis der Drehzahl zur Stromfrequenz mit Hilfe eines Drehzahlmessers und eines Frequenzmeßgerätes!

3.4.2 Belastungskennlinie

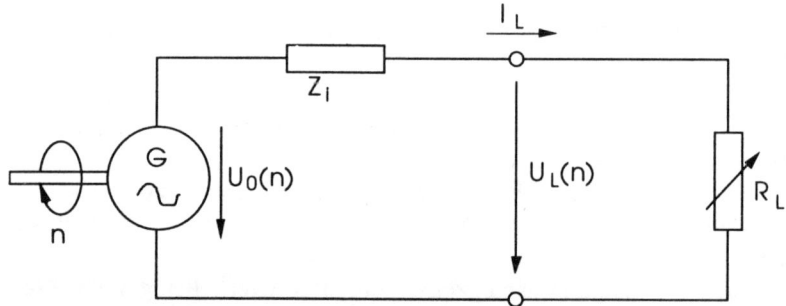

Abb. 3.12 Schaltung zur Aufnahme der Belastungskennlinie

Nehmen Sie drei Belastungskurven $U_L = f(n)$, $I_L = f(n)$,
$P_L = f(n)$ bei konstanten Lastwiderständen R_L auf!

Da der WEK kompensiert ist, entfällt der komplexe Anteil von Z_i und man
wählt z.B. $R_{L1} = R_i$
            $R_{L2} = R_i/2$
            $R_{L3} = 2\,R_i$.

Ermitteln Sie aus der Leerlaufkennlinie und den Belastungskurven den komplexen Innenwiderstand des Generators: $Z_i = f(n)$!

3.4.3 Ladekennlinie mit Laderegler

Laden Sie mit dem Generator über Brückengleichrichter und Glättungskondensator eine Batterie!
Schließen Sie hierzu parallel zur Batterie den Laderegler an!
Messen Sie den Ladestrom der Batterie, den über den Laderegler fließenden Strom und die Batteriespannung!

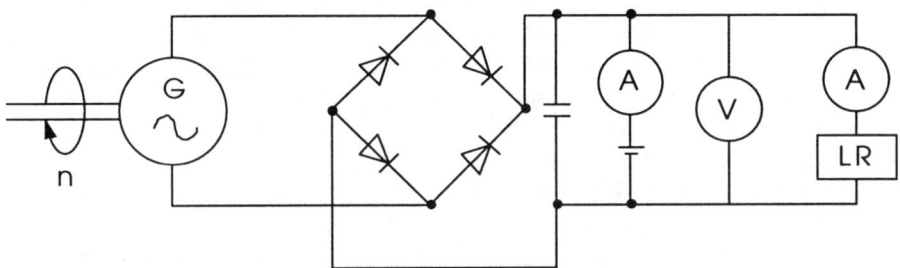

Abb. 3.13 Schaltung mit Laderegler

Tragen Sie den Ladestrom der Batterie und den Ladereglerstrom über der Drehzahl auf und tragen Sie auch die gemessene Spannung ein!
(Hinweis: Die Ergebnisse sind stark vom Ladezustand der Batterie abhängig!)

3.4.4 Montage

Bauen Sie die Versuchsanordnung im Labor ab und montieren Sie den Windenergiekonverter auf das Dach. Schließen Sie das Datenaufzeichnungsgerät (Data-Logger) an, welches dann eine Woche lang die 10-Minuten-Mittelwerte von Windgeschwindigkeit, Drehzahl des Windrades und die vom Windenergiekonverter gelieferte Leistung für die nächste Praktikumsgruppe aufnimmt.
Fertigen Sie vom Meßaufbau eine Skizze an!

3.4.5 Auswertung der aufgezeichneten Daten

Erstellen Sie aus den aufgenommenen Meßwerten ein Histogramm, das die Häufigkeit des Windes in den verschiedenen Windklassen zeigt!
Erstellen Sie eine Leistungskurve und bestimmen Sie durch Multiplikation von Histogramm und Leistungskurve den Energieertrag in den einzelnen Klassen (ebenfalls als Diagramm)!
Bestimmen Sie den Gesamtenergieertrag während der Woche!
Erstellen Sie die c_P-λ-Kurve des Windrades und bestimmen Sie dessen optimale Schnellaufzahl für diesen Lastwiderstand!
Diskutieren Sie die Ergebnisse!

3.5 Anhang zu Versuch 3

Anhang A: Lösungen der Verständnisfragen

zu 1.   a. optisch: z.B. mit dem Digitaltachometer W_M DT-5. Mit einem Fototransistor werden reflektierte Lichtblitze vom rotierenden Teil des WEK aufgenommen.

b. mechanisch: ebenfalls mit dem „Digitaltachometer W_M DT-5" möglich. Der Tachometer wird direkt und ohne verfälschende Übersetzungen bzw. Getriebe an die Rotorwelle des WEK angeschlossen.

c. magnetisch: Impulsaufnahme über ein Reedrelais, welches die Umdrehungen eines an der Rotorwelle befestigten Magneten erfaßt.

d. elektrisch: Messung der Stromfrequenz f und Rückschluß auf die Rotordrehzahl n mit Kenntnis des Übersetzungsverhältnisses $\ddot{u}$ des Getriebes und der Polpaarzahl p des Generators: $f = p \cdot n$.

zu 2.   Direkte Messung der Frequenz mit einem Multimeter, Optische Messung der Frequenz mittels eines Oszilloskops. Bei der Messung der Stromfrequenz werden die positiven (oder auch negativen) Halbwellen des zu untersuchenden Wechselstromes in Bezug auf eine Zeiteinheit gemessen und gezählt.

zu 3.   Die Leerlaufspannung wird an den Klemmen des angetriebenen Windgenerators mittels eines Spannungsmessers gemessen:

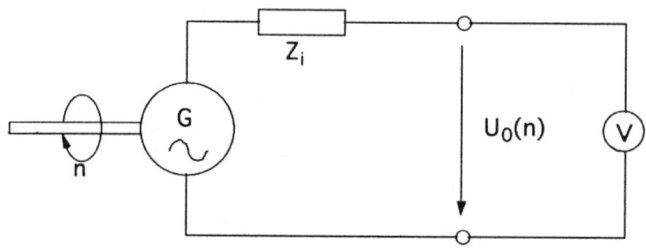

Abb. 3.14 Messung der Leerlaufspannung

Mit steigender Drehzahl steigt die durch Induktion erzeugte Spannung am Generator $U_0 = f(n)$, wobei eine lineare Funktion $U = k \cdot \Phi \cdot n$ (Φ = magnetischer Fluß) vorliegt.

zu 4.   Der Strommesser wird in Reihe zur Last geschaltet:

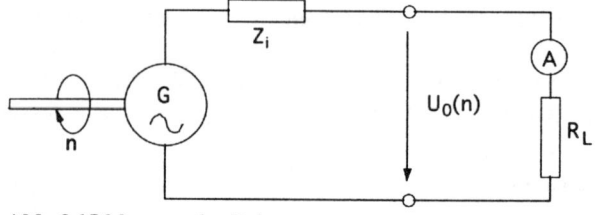

Abb. 3.15 Messung des Belastungsstromes

Mit zunehmender Last, d.h. kleiner werdendem R_L sinkt die Spannung mit der Drehzahl, während der Strom ansteigt: $U_L = f(n)$ und $I_L = f(n)$.

zu 5. a. Man ermittelt zuerst die Leerlaufspannung des Generators, belastet dann den Generator mit einer definierten Last und bestimmt die Generatorspannung und den Generatorstrom (Drehzahl dabei konstant halten!). Die Spannungsdifferenz zwischen Leerlauf- und Lastspannung beruht auf dem Spannungsabfall innerhalb des Generators. Da der Laststrom bekannt ist, berechnet sich der Innenwiderstand zu

$$Z_i = R_i = (U_0 - U_L) / I_L.$$

b. Bestimmung des Anstieges einer Belastungskennlinie. Dazu wird der Quotient aus Stromdifferenz und der zugehörigen Spannungsdifferenz gebildet:

$$Z_i = R_i = (U_2 - U_1) / (I_2 - I_1).$$

zu 6. Im unteren Bereich der Ladekennlinie zeigt sich ein linearer Kurvenverlauf, bei dem mit wachsender Ladespannung auch der Strom größer wird. Nähert man sich der Sättigung, wird der Kurvenverlauf flacher.

zu 7. Der Gleichrichter wandelt die vom WEK erzeugte Wechselspannung in eine Gleichspannung um.

zu 8. Der Laderegler schützt den Akkumulator, indem er die Ladespannung begrenzt und so einen Überladeschutz darstellt. Das Gasen des Akkus wird somit verhindert.

zu 9. c_p ist der Leistungsbeiwert (coefficient of performance). Er gibt das Verhältnis der Leistung P des Rotors einer Windkraftanlage (WKA) zur Leistung des auf die Rotorfläche bezogenen ungestörten Windes an. Man spricht auch vom idealen Leistungsbeiwert des Windenergiekonverters:

$$c_P = \frac{P}{P_{max}} = \frac{P}{\frac{1}{2} \cdot \rho_L \cdot v^3 \cdot A'}.$$

λ ist die Schnelllaufzahl (tip speed ratio). Sie ist das Verhältnis von Blattspitzengeschwindigkeit zur Windgeschwindigkeit:

$$\lambda = \frac{\text{Umfangsgeschwindigkeit}}{\text{Windgeschwindigkeit}} = \frac{\omega \cdot r_{Spitze}}{v_{Wind}} = \frac{2\pi n \cdot r_{Spitze}}{v_{Wind}}.$$

zu 10. Der Auftriebskonverter (lift) nutzt die durch Anströmen eines Profils entstehende Kraft, die senkrecht zur Anströmrichtung gerichtet ist.
Der Widerstandskonverter (drag) nutzt die durch Anströmen eines Profils entstehende Kraft, die parallel zur Anströmrichtung gerichtet ist.

zu 11. Schnelläufer:

- Leerlaufschnellaufzahl durch den Profilwiderstand begrenzt,
- kleine Momentenbeiwerte im Anlauf,
- wenige schmale Flügel, an deren Profil, Oberflächenbeschaffenheit und Stabilität erhöhte Anforderungen gestellt werden,
- werden zur Stromerzeugung eingesetzt, da hohe Drehzahlen und damit kleine Getriebeübersetzungen den Generatorbetrieb begünstigen.

Langsamläufer:

- Profilwiderstand nur geringen Einfluß auf die Leerlaufschnellaufzahl,
- große Momentenbeiwerte im Anlauf,
- Vielflügler mit konstantem oder zum Außenrand breiter werdendem Profil. An Flügeloberfläche, Profil und Stabilität werden wesentlich geringere Anforderungen gestellt.
- eignen sich wegen der großen Anlaufmomente zum Antrieb von Arbeitsmaschinen wie Kolbenpumpen, Sägen oder Mühlen.

zu 12. Die Pitch-Regelung (pitching = Blattverstellung) ist eine Blattwinkelregelung (blade pitch regulation), bei der der Blattwinkel zur Begrenzung der Rotordrehzahl und/oder Leistung verändert werden kann. Bei Sturm wird somit das Blatt aus dem Wind gedreht und der Windenergiekonverter vor Zerstörung geschützt.

Bei der Stall-Regelung (stall = abdrosseln, stall control) sind die Blätter starr mit der Nabe verbunden und die Rotorleistung wird durch Strömungsabriß am hinteren Ende der Profiloberseite auf eine bestimmte Blattspitzengeschwindigkeit abgeregelt. Das Ablösen oder Abreißen der den Antrieb erzeugenden Strömung am Rotorblatt bewirkt die Verringerung des Auftriebs und das Ansteigen des Widerstandes.

zu 13. Windrichtung; Windgeschwindigkeit; Temperatur / Luftdichte

zu 14. Die Windgeschwindigkeitsdaten werden in Form von Häufigkeitsverteilungen aufbereitet, so daß Aussagen über die zu erwartenden Windgeschwindigkeiten und Windschwankungen an einem Standort prognostiziert werden können. Dabei werden die Windgeschwindigkeiten nach Windklassen (z.B. 10 min-Mittelwerte) sortiert, um Häufigkeiten (dargestellt in Histogrammen) feststellen zu können. Diese ermittelte Häufigkeitsverteilung kann analytisch recht gut mit einer Weibull-Verteilung beschrieben werden. Wenn lediglich die mittlere Windgeschwindigkeit an einem Standort bekannt ist, wird die Rayleigh-Verteilung als eine Sonderform der Weibull-Verteilung verwandt (s.a. 3.2.2).

zu 15. Für jede Windklasse wird die erzeugte Leistung errechnet und auf einen Zeitraum bezogen. Aufsummiert ergibt sich dann der Energieertrag eines bestimmten Zeitraumes, z.B. eines Jahres (s.a. 3.2.7).

Anhang B: Im Praktikum verwendeter Windkonverter

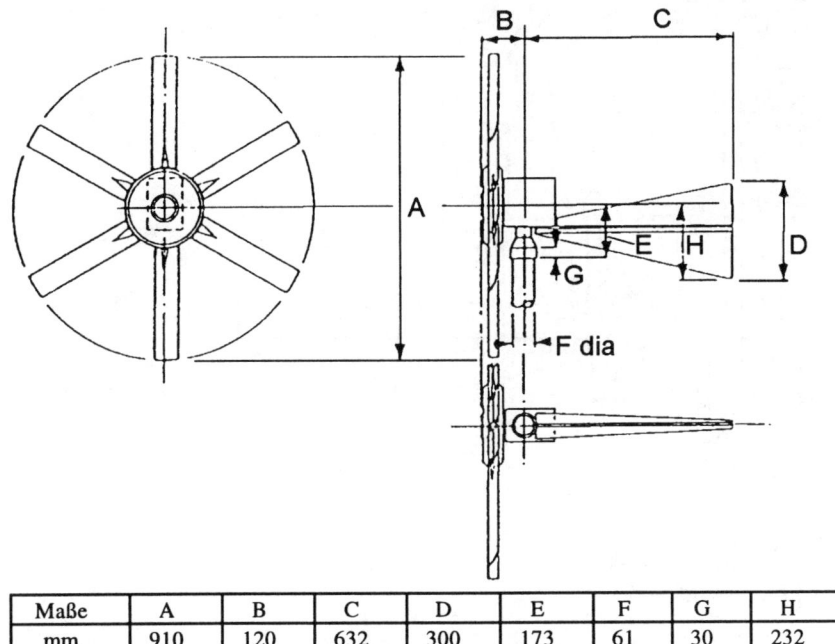

Maße	A	B	C	D	E	F	G	H
mm	910	120	632	300	173	61	30	232

Generatornennleistung: 50 W
Arbeitsbereich: 1,8 - 22,5 m/s Windgeschwindigkeit
Nennstrom: 4 A
Betriebsspannung: 12-16 V (bei Batteriebetrieb)
Polpaarzahl: 4
Nennwindgeschwindigkeit: 10 m/s
Flügelanzahl: 6
Gewicht: 13,25 kg

Der permanenterregte Generator mit stehender Wicklung und rotierenden Magneten ist in die Windradnabe integriert. Der Antrieb erfolgt direkt, ohne Getriebe (siehe 3.6.3).

Abb. 3.16 Im Praktikum verwendeter Windkonverter

Anhang C: Aufbau des Windenergiekonverters

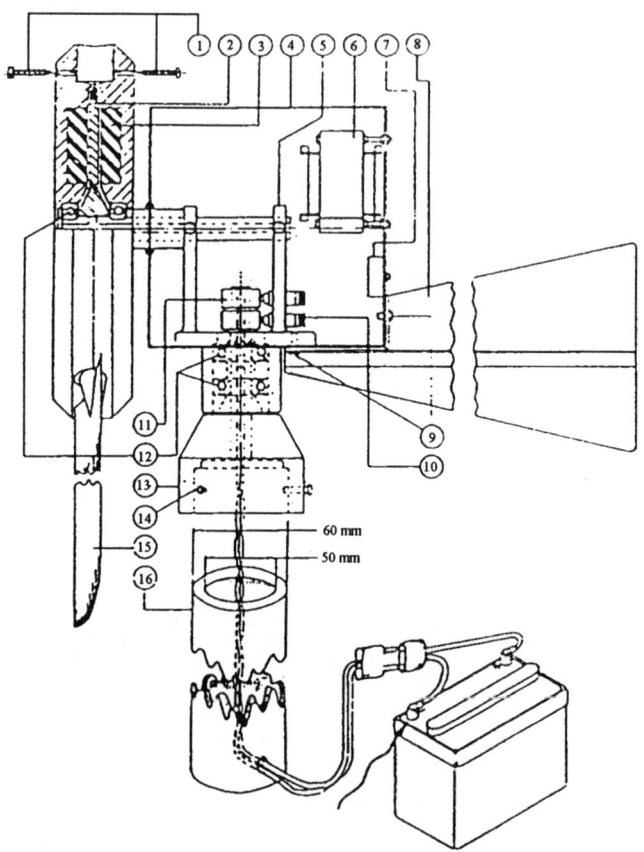

1	Befestigungsschrauben für Rotorblätter	9	Befestigungsschrauben für Windfahne
2	Scheibenförmiger Stator (Generator)	10	Bürstenhalterung
3	Permanentmagnet	11	Schleifer
4	Generatorgehäuse	12	Kugellager
5	Rotorhalterung	13	Standfußhalterung
6	Drossel	14	Standfußbefestigungsschrauben
7	Gleichrichter	15	Rotorblätter
8	Windfahnenhalterung	16	Mast

Abb. 3.17 Aufbau des Windenergiekonverters

4 I-U-Kennlinien von Solarzellen und PV-Modulen

H. Buck

4.1 Versuchsziel

Der Versuch soll Kenntnisse über PV-Generatoren durch Messungen an Solarzellen und PV-Modulen vertiefen. Es werden Strom-Spannungs-Kennlinien (I-U-Kennlinien) in Abhängigkeit der wichtigsten Einflußgrößen und charakteristische Kenndaten ermittelt sowie Probleme bei der Zusammenschaltung einzelner Solarzellen bzw. PV-Module untersucht.

4.2 Einige Grundlagen

4.2.1 Begriffe

Photovoltaikanlagen (PV-Anlagen) sind modular aufgebaute technische Einrichtungen, die „Licht" (d.h. elektromagnetische Strahlung geeigneter Frequenzen) direkt in elektrische Energie („elektrischer Strom") umwandeln. Die verwendete Aufbaustufe richtet sich dabei nach den elektrischen Anforderungen des Verbrauchers.

Eine PV-Anlage besteht i. allg. aus dem sogenannten PV-Generator und zusätzlichen Betriebseinrichtungen.

Die ersten Aufbaustufen des PV-Generators sind Solarzelle (solar cell), PV-Modul (PV-module), Paneel (panel).

Die Grundeinheit jedes PV-Generators ist die *Solarzelle*, deren prinzipielle Funktionsweise hier als bekannt vorausgesetzt wird (z. B. [4.5], [4.2]). Sie ist innerhalb eines PV-Moduls das kleinste Bauelement (i. a. ein flächenhaft ausgebildetes Halbleiterbauelement), in dem sich die unmittelbare Umwandlung von Lichtenergie in elektrische Energie (Gleichspannung und -strom) vollzieht.

PV-Modul ist die kleinste installationsfertige Einheit, die Lichtenergie unmittelbar in elektrische Energie umwandelt; sie besteht i. d. R. aus mehreren Solarzellen.

Bypaßdiode (auch: Überbrückungsdiode, Freilaufdiode, Nebenschlußdiode; englisch: bypass-diode) ist eine Diode, die antiparallel zu einem Teil der Solarzellen eines PV-Moduls geschaltet ist. Sie schützt die Solarzellen vor thermischer Zerstörung für den Fall, daß einzelne Solarzellen ganz oder teilweise beschattet sind, während andere dem vollen Licht ausgesetzt sind.

PV-Generator ist die Gesamtheit aller PV-Module einer PV-Anlage, die elektrisch untereinander verbunden sind.

Solarzelle, PV-Modul oder PV-Generator (photovoltaic generator) werden meist durch das in Abb. 4.1 wiedergegebene Symbol oder Schaltzeichen darge-stellt:

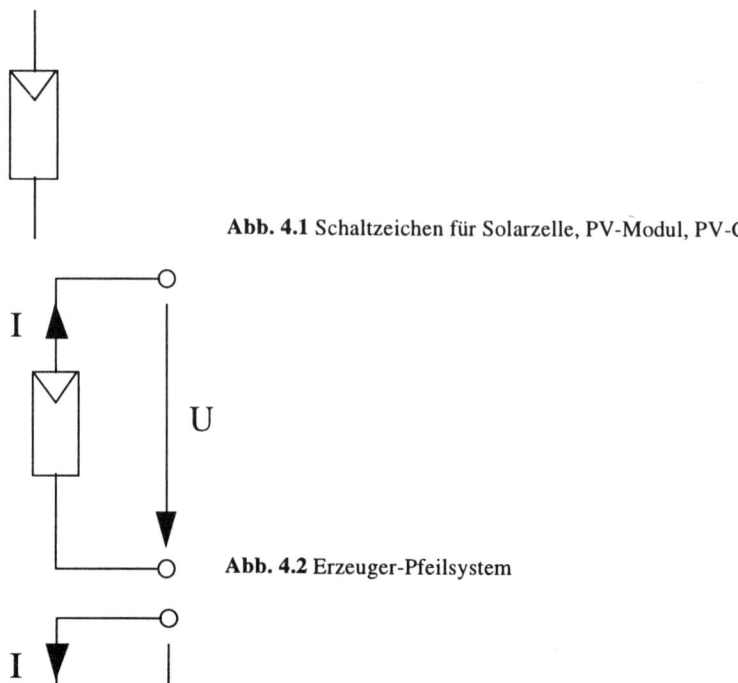

Abb. 4.1 Schaltzeichen für Solarzelle, PV-Modul, PV-Generator

I   U   **Abb. 4.2** Erzeuger-Pfeilsystem

I   U   **Abb. 4.3** Verbraucher-Pfeilsystem

Wird der PV-Generator mit Betriebseinrichtungen, wie z.B. *Speicher* (storage medium) oder *PV-Wechselrichter* (PV-inverter) versehen, dann spricht man von einer *PV-Anlage* (photo- voltaic system).

4.2.2 I-U-Kennlinien

Heutige marktübliche Solarzellen sind (Halbleiter-) Dioden mit einer entspre-chenden Strom-Spannungs-Kennlinie (I-U-Kennlinie; current-voltage characteri-stic, I-V-characteristic). Dabei muß durchaus auch der Sperrbereich beachtet werden, da bei Zusammenschaltung mehrerer Solarzellen in bestimmten Be-triebszuständen (z. B. aufgrund von Abschattung) einzelne Solarzellen auch in Sperrichtung beansprucht sein können.

I-U-Kennlinien von PV-Generatoren werden meist im Erzeuger-Pfeilsystem angegeben, was einer Betrachtung des PV-Generators als Stromerzeuger entspricht (s. Abb. 4.2). Für Solarzellen ist auch das Verbraucher-Pfeilsystem üblich (s. Abb. 4.3; zu Verbraucher-/Erzeuger-Pfeilsystem s. [4.17]). In diesem Skript wird für PV-Generatoren immer das Erzeuger-Pfeilsystem benützt. Das bedeutet insbesondere: Kennlinienpunkte im ersten I-U-Quadranten (bei einer Darstellung der I-U-Kennlinien in einem kartesischen I-U-Diagramm) entsprechen PV-Generator-Zuständen, in denen der PV-Generator Energie abgibt (aktiver Zweipol); Kennlinienpunkte im zweiten und vierten I-U-Quadranten entsprechen dagegen solchen Zuständen, in denen der PV-Generator Energie aufnimmt (passiver Zweipol). In Abb. 4.4 ist ein typisches Kennlinienfeld im 1. I-U-Quadranten dargestellt.

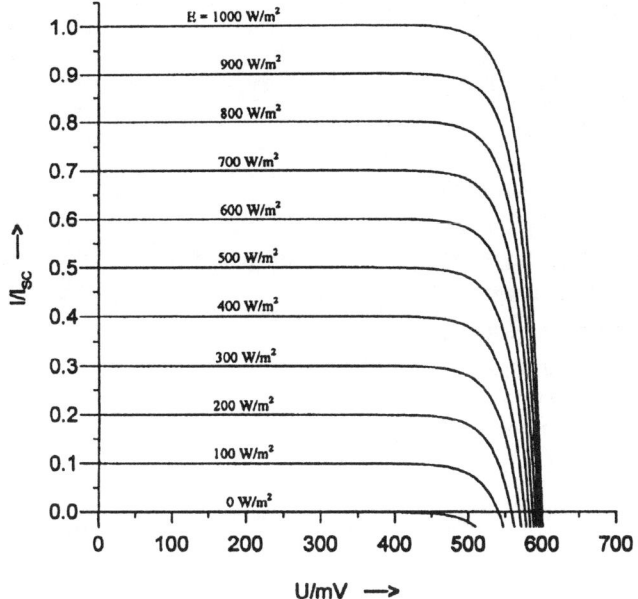

Abb. 4.4. I-U-Kennlinien einer Si-Solarzelle bei konstanter Temperatur (I_{sc} Kurzschlußstromstärke bei E = 1000 W/m^2)

4.2.3 Beschreibungsmodell

Um ein brauchbares Ersatzschaltbild für eine Solarzelle zu erhalten, geht man vom Ersatzschaltbild für die statische I-U-Kennlinie einer Halbleiterdiode aus und fügt geeignet eine Stromquelle hinzu, deren Stromstärke I_{Ph} den durch die Photoabsorption zusätzlich hervorgerufenen „Photostrom" beschreibt. Ein einfaches, für die Praxis häufig gut ausreichendes Ersatzschaltbild der Solarzelle (und mit anderer Dimensionierung auch für das PV-Modul) zeigt Abb. 4.5.

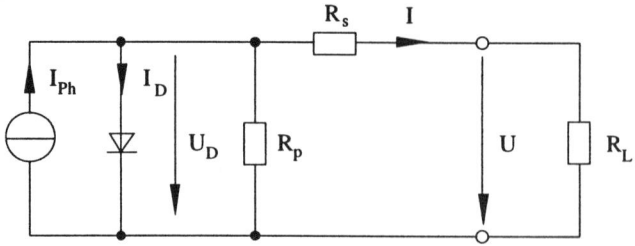

Abb. 4.5 (1-Dioden -) Ersatzschaltbild für Solarzelle

Das Diodensymbol steht dabei für das Verhalten des pn-Übergangs, für dessen I-U-Kennlinie ein Ansatz nach Shockley (modifiziert) lautet :

$$
\begin{aligned}
I_D &= I_S \cdot \left[\exp\left(\frac{e_0 \cdot U_D}{m \cdot k_B \cdot T} \right) - 1 \right] \\
&= I_S \cdot \left[\exp\left(\frac{U_D}{m \cdot U_T} \right) - 1 \right] .
\end{aligned}
\tag{4.1}
$$

Hierbei bedeuten:

I_S (stark temperaturabhängige) Sperrstromstärke;

e_0 Elementarladung;

k_B Boltzmann-Konstante;

T thermodynamische Temperatur;

m Idealitätsfaktor;

$U_T =$ $(k_B T)/e_0$ „Temperaturspannung"

      (beträgt z. B. bei Raumtemperatur etwa 25 mV).

(Dieser Ansatz beschreibt kein Durchbruchverhalten!) Damit erhält man (prüfen Sie das bitte nach!):

$$
I = I_{Ph} - I_S \cdot \left[\exp\left(\frac{U + R_S \cdot I}{U_T} \right) - 1 \right] - \frac{U + R_S \cdot I}{R_P} .
\tag{4.2}
$$

I_{Ph} hängt dabei vor allem von der Bestrahlungsstärke E, deren spektraler Verteilung E_λ sowie der Temperatur T ab, wobei für unveränderte relative spektrale Verteilung und konstante Temperatur in guter Näherung gilt:

$$
I_{Ph} \sim E
\tag{4.3}
$$

Für eine gute Solarzelle sollten R_s *(Serienwiderstand)* möglichst klein und R_p *(Parallelwiderstand)* möglichst groß sein.

In kommerziellen kristallinen Solarzellen ist R_p tatsächlich i. allg. genügend groß gegenüber dem Durchlaßwiderstand der Diode, so daß dieser durchaus vernachlässigt werden kann und dann vor allem R_s von Interesse ist.

Mögliche Verfahrensweisen zur Bestimmung von R_s und R_p werden in 4.2.5 beschrieben.

4.2.4 Kenngrößen

Der *optimale Lastwiderstand* $R_L(P_{max}) = R_{Pmax}$ ist zugeschaltet, wenn der PV-Generator maximale Leistung P_{max} (maximum power; im folgenden kurz maximale Leistung genannt) abgibt. Die zugehörigen Strom- und Spannungswerte sind I_{Pmax} (maximum power current) bzw. U_{Pmax} (maximum power voltage). Es gilt:

$$P_{max} = U_{Pmax} \cdot I_{Pmax} \tag{4.4}$$

$$R_{Pmax} = \frac{U_{Pmax}}{I_{Pmax}} . \tag{4.5}$$

Der *Füllfaktor FF* (fill factor) ist das Verhältnis der maximalen Leistung P_{max} zum Produkt aus Kurzschlußstromstärke I_{sc} und Leerlaufspannung U_{oc} :

$$FF = \frac{P_{max}}{U_{oc} \cdot I_{sc}} . \tag{4.6}$$

Der *Wirkungsgrad* η (efficiency) ist definiert durch

$$\eta = \frac{P}{\Phi} . \tag{4.7}$$

$P = U \cdot I$ vom PV-Generator abgegebene Leistung
$\Phi = E \cdot A$ auf den PV-Generator auftreffende
                 Strahlungsleistung
E Bestrahlungsstärke
A bestrahlte Fläche .

η wird für Vergleichszwecke (z. B. in Datenblättern) meist (nur) für *Standardtestbedingungen* (Standard Test Conditions, STC) angegeben. Die Standardtestbedingungen lauten:

- Zelltemperatur: $(25 \pm 2)°C$
- Bestrahlungsstärke: 1000 W/m^2
- Vereinbartes Referenz-Spektrum
  (Norm DIN EN 60904-3), das kurz referiert wird als AM 1.5 .

Typische Wirkungsgrade (bei STC):

Einkristalline Zelle	Labor: bis ca. 23 %
	Serie: 12 bis 18 %
Multikristalline Zelle	Labor: bis ca. 18 %
	Serie: 10 bis 16 %
Amorphe Zelle	Labor: bis ca. 12 %
	Serie: 4 bis 10 % .

4.2.5 Bestimmung von R_s (nach IEC 891)
(zur Begründung siehe auch Anhang A)

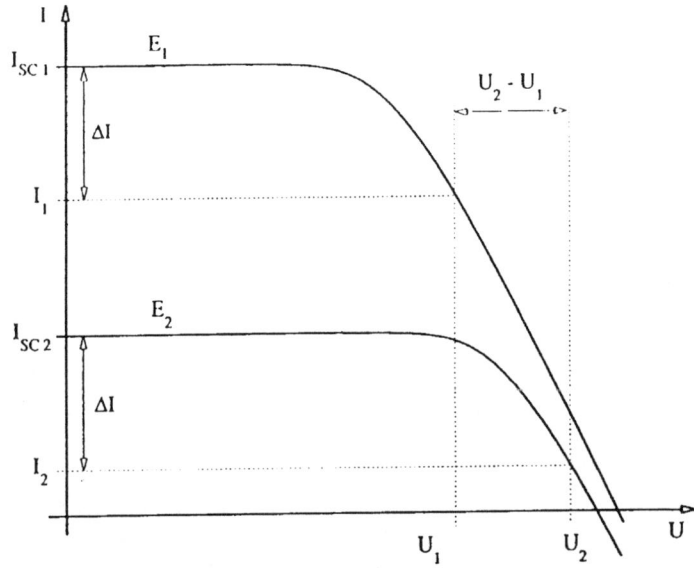

Abb. 4.6 Zur Bestimmung von R_s

- Die bei gleicher Temperatur ermittelten I-U-Kennlinien für zwei verschiedene Bestrahlungsstärken E_1 und E_2 werden in *ein* I-U-Koordinatensystem gezeichnet.
- Auf der Kennlinie für die niedrigere Bestrahlungsstärke (E_2) wählt man einen Punkt (U_2,I_2), wobei I_2 klein sei.
- Man ermittelt $\Delta I = I_{sc2} - I_2$.   (4.8)
- Auf der Kennlinie für die höhere Bestrahlungsstärke (E_1) bestimmt man den Punkt (U_1,I_1), für den gilt:

$$I_1 = I_{sc1} - \Delta I .$$ (4.9)

- Der Reihenwiderstand R_s ergibt sich aus:

$$R_S = \frac{U_2 - U_1}{I_{sc1} - I_{sc2}} .$$ (4.10)

- Um ein gesichertes Ergebnis für R_s zu erhalten, wählt man weitere I-U-Kennlinien jeweils anderer Bestrahlungsstärke und gleicher Solarzellentemperatur aus und wiederholt mit weiteren Kombinationen der Bestrahlungsstärke das eben beschriebene Vorgehen.

4.2.6 Bestimmung von R_p

Für das in 4.2.3 eingeführte Beschreibungsmodell ergibt sich unter Voraussetzungen, die i. allg. für kristalline Solarzellen bzw: PV-Module unter realistischen Bedingungen sehr gut erfüllt sind (s. auch Aufgaben):

$$\left.\frac{dI}{dU}\right|_{U=0} = -\frac{1}{R_P} .$$ (4.11)

Man kann also R_p aus der Steigung der I-U-Kennlinie im Kurzschlußpunkt bestimmen.

4.2.7 I-U-Kennlinienbestimmung

Eine einfache Schaltskizze zur Aufnahme der I-U-Kennlinie zeigt Abb. 4.7:

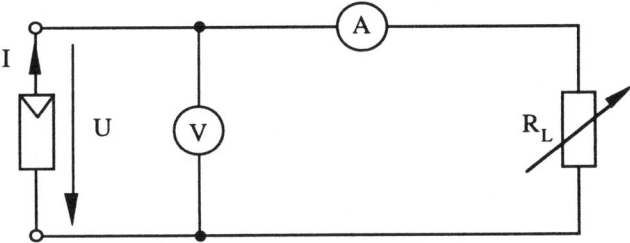

Abb. 4.7 I-U-Kennlinienmessung mit veränderlichem Widerstand: Meßprinzip

Durchläuft der Last-Widerstand R_L alle Werte von $R_L \longrightarrow$ _ (offener Kreis: $I = 0$, $U = U_{oc}$) bis $R_L = 0$ (Kurzschluß: $I = I_{sc}$, $U = 0$), so erhält man im Idealfall (vernachlässigbarer Leitungswiderstand im Außenkreis, vernachlässigbarer Innenwiderstand des Ampèremeters und hinreichend großer Innenwiderstand des Voltmeters) alle Punkte der I-U-Kennlinie im 1. I-U-Quadranten.
Tatsächlich können u. U. sowohl der Leitungswiderstand im Außenkreis $R_{Leitung}$ als auch der Innenwiderstand des Ampèremeters R_A nicht vernachlässigt werden. Sie werden im folgenden Schaltbild (Abb. 4.8) im Verlustwiderstand R_V zusammengefaßt.

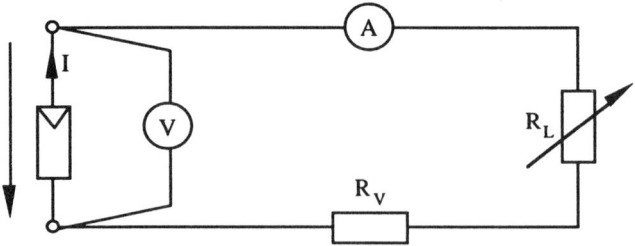

Abb. 4.8 I-U-Kennlinienmessung mit veränderlichem Widerstand:
Messung im 1. I-U-Quadranten

Der Kurzschlußfall kann hierbei wirklich erreicht werden, wenn man z. B. eine
Hilfs-Spannungsquelle (Spannung $U_H \approx R_V \cdot I_{sc}$) in den Kreis schaltet (Abb. 4.9).

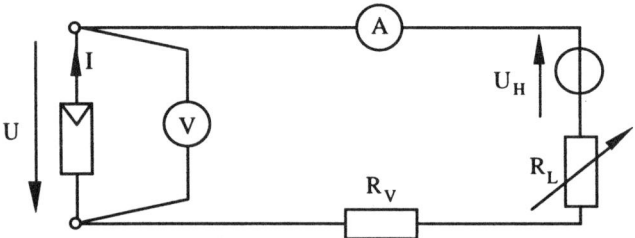

Abb. 4.9 I-U-Kennlinienmessung mit veränderlichem Widerstand und Hilfsspannungsquelle:
Messung im 1. und 2. I-U-Quadranten

Durch geeignete Wahl von U_H kann jeder gewünschte Bereich im 2. I-U-
Quadranten erreicht werden.

Auf den Lastwiderstand kann verzichtet werden, wenn das Netzgerät sowohl
als aktiver Zweipol (Energiequelle; übliche Verwendungsart eines Netzgerätes)
als auch als passiver Zweipol (Ener-giesenke; für diese Verwendungsart muß das
Netzgerät tatsächlich tauglich sein) arbeitet: 4-Quadranten-Netzgerät. Mit ihm
ist es möglich, der Solarzelle (dem PV-Modul) bei Bedarf eine Spannung bzw.
einen Strom sowohl in positiver als auch in negativer Richtung aufzuprägen und
damit alle drei infrage kommenden I-U-Quadranten (1, 2 und 4) zu erreichen
(Abb. 4.10).

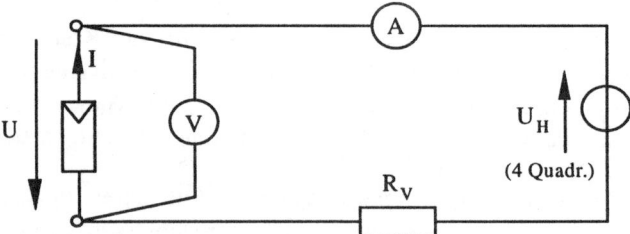

Abb. 4.10 I-U-Kennlinienmessung mit 4-Quadranten-Netzgerät:
Messung im 1., 2. und 4. I-U-Quadranten

Eine weitere Möglichkeit, die I-U-Kennlinie zu bestimmen, ergibt sich über die Aufladung eines Kondensators (Abb.: 4.11).

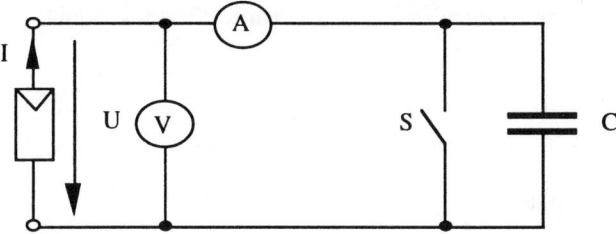

Abb. 4.11 I-U-Kennlinienmessung durch Kondensatoraufladung: Meßprinzip

Meßprinzip: Ist der Schalter S geschlossen, so sind der Kondensator entladen und der PV-Generator im Kurzschluß. Öffnet man S, so wird der Kondensator aufgeladen bis schließlich der Leerlauf des PV-Generators erreicht ist. Beim Aufladen werden alle I-U-Wertepaare der I-U-Kennlinie des 1. I-U-Quadranten durchlaufen.

In praxi wird die Meßschaltung aus Sicherheitsgründen (vor allem bei großen PV-Generator-Leistungen bzw. großer Kapazität C des Kondensators) z. B. wie in Abb. 4.12 modifiziert.

Außerdem ist i. a. wieder aus gleichen Gründen wie zuvor ein Verlustwiderstand R_V im Außenkreis zu berücksichtigen, so daß der Kurzschlußpunkt nicht ganz erreicht wird.

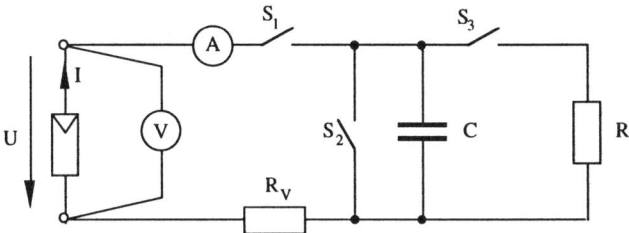

Abb. 4.12 I-U-Kennlinienmessung durch Kondensatoraufladung:
Messung im 1. I-U-Quadranten

Tabelle 4.1 Ablaufplan des Meßvorganges nach Abb. 4.12

Ablauf	S_1	S_2	S_3	Kondensator	PV-Generator
1 (Ruhezust.)	auf	zu	zu	entladen	Leerlauf
2	auf	zu	**auf**	entladen	Leerlauf
3 (Startzustand)	**zu**	zu	auf	entladen	Kurzschluß
4 (eigentliche Messung)	zu	**auf**	auf	wird aufgeladen	vom Kurzschluß zum Leerlauf
5	**auf**	auf	auf	geladen entsprechend Leerlaufspannung	Leerlauf
6	auf	auf	**zu**	wird entladen	Leerlauf
7 = 1	auf	**zu**	zu	entladen	Leerlauf

Machen Sie sich den Meßvorgang entsprechend Abb. 4.12 anhand des Ablauf-
plans in der Tabelle 4.1 klar!

Eine Vorstellung von der Meßzeit T (= Zeitspanne zum Aufladen des Kondensators) läßt sich gewinnen, indem man eine rechteckige I-U-Kennlinie
(Füllfaktor 1) unterstellt:

$$I = I_{sc} \text{ für } 0 \leq U \leq U_{oc} \tag{4.12}$$
$$I = 0 \quad \text{sonst.}$$

Aus der Definition der Kapazität:

$$C = \frac{Q}{U_C} \tag{4.13}$$

(Q Ladung des Kondensators, U_C Spannung am Kondensator)

sowie mit $Q = I_{sc} \cdot T_{id}$ und $U_C = U_{oc}$ ergibt sich:

$$T_{id} = \frac{U_{oc}}{I_{sc}} \cdot C . \tag{4.14}$$

Hierbei unterschätzt T_{id} die wirkliche Meßzeit T für die vorliegende I-U-
Kennlinie. Für praktische Zwecke kann die Messung als beendet angesehen
werden, wenn $T \approx 2 \cdot T_{id}$.

Auch hier kann durch geeignetes Hinzufügen einer Hilfsspannungquelle der
Kurzschluß wirklich gemessen werden bzw. die Messung zusätzlich in den 2. I-
U-Quadranten erweitert werden:

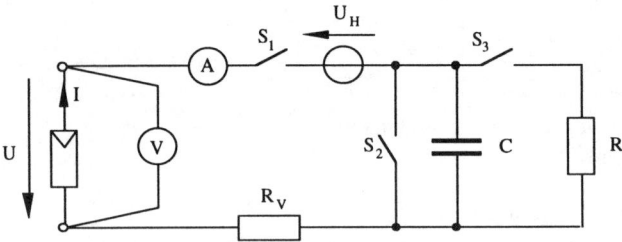

Abb. 4.13 I-U-Kennlinienmessung durch Kondensatoraufladung:
Messung im 1. und 2. I-U-Quadranten

4.3 Verständnisfragen zum Versuch

1. Machen Sie sich vor Beginn des Versuches die Bedeutung folgender Begriffe
   klar:

Tabelle 4.2 Bedeutung wichtiger Begriffe

Begriff (deutsch-englisch)	Symbol	Einheit
Strahlungsleistung (radiant flux)	F	W
Bestrahlungsstärke (irradiance)	E [a]	W/m^2
spektrale Bestrahlungsstärke (spectral irradiance)	E_λ oder E_ν	W/(m^2·μm) oder W/(m^2·Hz)
Solarstrahlung (solar radiation) globale / direkte / diffuse (Solar-) Strahlung (global / direct / diffuse (solar) radiation) Pyranometer (pyranometer)	G; $\dot{G}$	J/m^2; W/m^2
Air Mass x / Air Mass 0 / Air Mass 1 / Air Mass 1.5 Halbleiter (semiconductor) pn-Übergang (pn-junction) Halbleiterdiode (semiconductor-diode) Kennlinie (characteristic) Durchlaßspannung (forward voltage) Sperrspannung (reverse voltage) Durchbruch (breakdown) Solarzelle (solar cell) Ersatzschaltbild / Ersatzschaltung (equivalent circuit)	AMx / $AM0$ / $AM1$ / $AM1.5$	
Maximale Leistung bei STC (peak power at STC); Nennleistung;	P_{max} W (Jargon: W_p) (Jargon: „Watt peak")	

[a] Die auch gebräuchlichen Symbole $\dot{G}$ [4.5] oder G für die Bestrahlungsstärke werden bevorzugt dann benutzt, wenn die Sonne als Strahlungsquelle hervorgehoben werden soll. Wenn kein Bezug auf die Strahlungsquelle genommen werden soll, wird - wie hier auch - entsprechend DIN 5031, T.1 oder auch DIN EN 60904–3, Anhang, bevorzugt das Symbol E benutzt.

2. Etwa welchen Wellenlängen- bzw. Frequenzbereich umfaßt sichtbares Licht?
3. Etwa welchen Energiebereich umfassen die Photonen sichtbaren Lichtes?
4. Welche Bedeutung hat bei einer Solarzelle die „gap-Energie" E_g?
5. Etwa welcher Wellenlängen-, Frequenz- und Energiebereich der Photonen kann von den heutigen Solarzellen zur Strom- erzeugung genutzt werden? Vergleichen Sie dies mit der auf der Erdoberfläche auftreffenden elektromagnetischen Sonnen-Strahlung!
6. Im Praktikum wird die Bestrahlungsstärke mit einem c-Silicium-Pyranometer (c-Silicium: kristallines Silicium) oder einer kalibrierten c-Si-Solarzelle gemessen. Man könnte die Bestrahlungsstärke aber z. B. auch mit einem Thermosäulen-Pyranometer messen. Was wäre hierbei zu beachten? (Hinweis: Wie unterscheiden sich die beiden Pyranometer hinsichtlich ihrer spektralen Empfindlichkeit? Konsequenzen?)

7. Gegeben seien zwei PV-Generatoren, deren I-U-Kennlinien (I-U)1 und (I-U)2 im 1. I-U-Quadranten bekannt seien (siehe Abb. 4.14). Konstruieren Sie daraus die Kennlinie des Gesamt - PV-Generators (soweit hieraus möglich) für den Fall, daß die beiden PV-Generatoren
   a) hintereinander geschaltet (Kennlinie (I-U)h) und
   b) parallel geschaltet sind (Kennlinie (I-U)p).

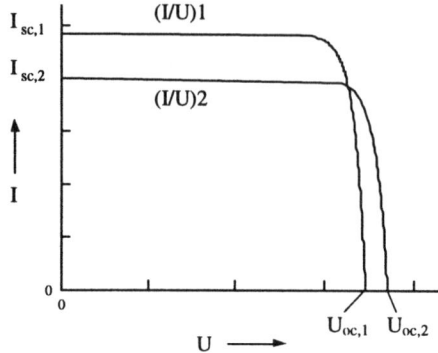

Abb. 4.14 Zwei I-U-Kennlinien im 1. I-U-Quadranten

8. Wie unterscheiden sich die I-U-Kennlinien eines PV-Moduls ohne und mit Bypaßdiode(n) qualitativ voneinander (ohne Abschattung)?
   (Hinweis: Die I-U-Kennlinie einer Bypaßdiode ist qualitativ gleich der Dunkel-Kennlinie einer Solarzelle).

9. I-U-Kennlinien-Bestimmung durch Kondensator-Aufladung: Welche Bedeutung hat der Widerstand R (Abb. 4.12 und 4.13) hierbei? Vergleichen Sie insbesondere Messungen an PV-Generatoren großer und kleiner Leistung miteinander!

10. Zur Bestimmung von R_p wird die Beziehung

$$\left.\frac{dI}{dU}\right|_{U=0} = -\frac{1}{R_P} \tag{4.15}$$

benutzt.

Ermitteln Sie

$$\left.\frac{dI}{dU}\right|_{U=0} = -\frac{1}{R_P} \tag{4.16}$$

für die Gleichung

$$I = I_{Ph} - I_S \cdot \left[\exp\left(\frac{U + R_S \cdot I}{U_T}\right) - 1\right] - \frac{U + R_S \cdot I}{R_P} . \tag{4.17}$$

des oben eingeführten Beschreibungsmodells.

Unter welchen Voraussetzungen erhält man die obige Beziehung? Schätzen Sie die Voraussetzungen ein!

Hinweis: Entwickeln Sie die Exponentialfunktion unter der Voraussetzung, daß $|U + R_S \cdot I| \ll U_T$! Bilden Sie das totale Differential bezüglich der Variablen I und U von vorgenannter Gleichung!

4.4 Praktische Hinweise zum Versuchsaufbau

4.4.1 Lichtquellen

Für die Solarzelle: Halogenglühlampe mit Kaltlichtspiegel
Für die PV-Module: 500 W- Halogen-Lampen für Baustrahler

4.4.2 Bestrahlung

Die Bestrahlungsstärke des auf die Solarzelle auftreffenden Lichtes soll während der Messung möglichst räumlich homogen und zeitlich konstant sein (geeigneten Strahlengang aufbauen, Fremdlicht vermeiden!). Die Änderung der Bestrahlungsstärke wird durch Änderungen der Geometrie des Strahlenganges vorgenommen (warum nicht durch Änderung der Speiseleistung der Lampe?).

Die PV-Module werden von flächenhaft verteilten Baustrahlern angestrahlt, was zu einer leidlich homogenen Ausleuchtung der PV-Module führt!

Zur Messung der Bestrahlungsstärke werden eine kalibrierte Referenz-Siliciumsolarzelle und ein Silicium-Pyranometer eingesetzt.

4.4.3 Temperatur

Die auszumessenden Solarzellen können thermostatisiert werden: Sie stehen in thermischem Kontakt mit einem wasserdurchflossenen Metallblock. Der Wasserkreislauf führt über einen Thermostaten. Es sind beliebige feste Temperaturwerte zwischen etwa 20 °C und 95 °C einstellbar.

Die Temperatur der PV-Module ergibt sich aus der Einstrahlung und den Umgebungsbedingungen. Durch unten an den PV-Modulen angebrachte Ventilatoren kann Luftkonvektion erzwungen werden.

4.4.4 I-U-Kennlinienaufnahme

Die unter 4.2.6 angeführten Varianten sind alle verfügbar. Sie sollten im Praktikum wenigstens einige davon verifizieren. Strom- und Spannungsmesser werden in der Regel durch einen x-y-Schreiber realisiert:

y-Kanal: Stromstärke I (wird als Spannung $U_I = R_I \cdot I$ an einem Meßwiderstand R_I gemessen);

x-Kanal: Spannung U.

Man erhält direkt ein I-U-Diagramm.

Datenblätter der Versuchskomponenten liegen am Versuchsort aus. Fragen Sie gegebenenfalls den Betreuer.

4.5 Aufgabenstellung/Versuchsdurchführung

Das folgende ist ein Orientierungs-Programm, das im Einzelfall durchaus - auch auf Ihre sehr erwünschte Anregung hin - modifiziert und erweitert werden kann.

Zum Teil sind hierbei sehr bestimmte Vorgaben gemacht (z. B. Meßbereiche), deren Sinn von vornherein durchaus nicht einsichtig zu sein braucht. Sie folgen aus Vorkenntnissen, die man beim wirklichen Experimentieren u. a. durch Vorversuche gewinnt. Sie sollten den Sinn der gemachten Vorgaben überdenken und wenigstens im Nachhinein einsehen; widrigenfalls diskutieren Sie dies bitte mit dem Betreuer!

Die im folgenden rechts eingefügten Hinweise „Blatt 1", „Blatt 2" usw. sind Vorschläge dafür, was auf einem Blatt darzustellen ist; dies entspricht auch den Bezeichnungen in Anhang B.

4.5.1 Messungen an einer Solarzelle

4.5.1.0   Prüfen Sie, ob der Schutz der Solarzelle gegen Fremdlicht ausreichend ist, z. B. wie folgt:
- fertiger Meßaufbau; Lampe aus; Messung des Kurzschlußstromes.
- zum Vergleich: Messung des Kurzschlußstromes bei vollkommen lichtabgedeckter Solarzelle.

4.5.1.1   Nehmen Sie die gesamte Kennlinie (auch den Sperrbereich!) $I = I(U)$ einer gegebenen Solarzelle auf
bei der konstanten Temperatur $\vartheta = 25$ °C und den Bestrahlungsstärken
$E=0$ W/m^2 („Dunkelkennlinie") und
$E=1000$ W/m^2.
Meßbereich: -20V $< U <$ 1V   *Blatt 1*

4.5.1.2   Nehmen Sie die Kennlinien $I = I(U)$ auf
- bei $\vartheta_1 = 25$ ¡C sowie 2 weiteren Temperaturen
- ϑ_2 ($> \vartheta_1$) und ϑ_3 ($> \vartheta_2$) und jeweils bei den Bestrahlungsstärken
- $E_1 = 0$ W/m^2,
  $E_2 = 500$ W/m^2 und
  $E_3 = 1000$ W/m^2
Maßstab dabei so wählen, daß der 1. I-U-Quadrant möglichst groß erscheint!
Meßbereich: -100 mV $< U <$ 700 mV
$\vartheta_1 = 25$ °C   Parameter E: E_1, E_2, E_3 *Blatt 2*

$\vartheta_2 > \vartheta_1$	Parameter E: E_1, E_2, E_3	*Blatt 3*
$\vartheta_3 > \vartheta_2$	Parameter E: E_1, E_2, E_3	*Blatt 4*
$E = 1000$ W/m^2	Parameter ϑ: ϑ_1, ϑ_2 und ϑ_3	*Blatt 5*

4.5.1.3   Bestimmen Sie I_{sc} U_{oc}, P_{max}, R_{Pmax}, FF, η_{Pmax}, R_s und R_p für die gemessenen Temperaturen und Bestrahlungsstärken aus den aufgenommenen Kennlinien und stellen Sie diese Größen übersichtlich in einer Tabelle zusammen!

4.5.1.4   Erstellen Sie folgende Graphen:
- vom PV-Generator abgegebene Leistung $P = P(U)$ und $\eta = \eta(U)$:
  Darstellungsbereich: -100 mV $< U < 700$ mV
  $E = 1000$ W/m^2
  $\vartheta_1 = 25$ °C und $\vartheta_3 = $ max. Temperatur   *Blatt 6*
  Stellen Sie $P = P(U; E, \vartheta_1)$ und $\eta = \eta(U; E, \vartheta_1)$ in einem Diagramm als *eine*n Graphen mit *zwe*i verschiedenen Ordinaten-Skalen dar.
  Stellen Sie den (gleichartig darzustellenden) zweiten Graphen $P = P(U; E, \vartheta_3)$ und $\eta = \eta(U; E, \vartheta_3)$ im *gleiche*n Diagramm dar (z. B. verschiedene Farben verwenden!).
- $P = P(R)$
  Mindest-Darstellungsbereich:
  „Alle" R, für die $0{,}01 \cdot P_{max} < P \leq P_{max}$
  $E = 1000$ W/m^2 $\vartheta_1 = 25$ °C
  R-Achse zweckmäßigerweise in logarithmischer Teilung. *Blatt 7*

4.5.2 Messungen an PV-Modulen

Es stehen verschiedene PV-Module zur Verfügung (z. B.: monokristallin: BP 252 (mit 2 Bypaßdioden); polykristallin: PQ 10/40; amorph: SMT 30).

4.5.2.0   Ermitteln Sie, welchen Beitrag zur I-U-Kennlinie der leidlich abgedunkelte Raum noch liefert, z. B. wie folgt: fertiger Meßaufbau; Lampen aus; Messung der „Dunkelkennlinien": „Untergrund"!

4.5.2.1   Nehmen Sie ab dem Einschalten der Beleuchtung den Verlauf der Temperatur ϑ als Funktion der Zeit t eines ausgewählten PV-Modules bis zum Erreichen der „stationären" Arbeitstemperatur auf.
Stellen Sie $\vartheta = \vartheta(t)$ in einem Diagramm dar!   *Blatt 8*

4.5.2.2   Messen Sie die räumliche Verteilung der Bestrahlungsstärke auf den PV-Modulen und stellen Sie die Ergebnisse in einer Tabelle zusammen. Ermitteln Sie insbesondere den arithmetischen Mittelwert, den Maximal- und Minimalwert E_{max} bzw. E_{min} der Bestrahlungsstärke für die einzelnen PV-Module.

Ermitteln Sie $\pm \dfrac{E_{max} - E_{min}}{E_{max} + E_{min}}$ als Maß für die Homogenität!

4.5.2.3   Beachten Sie bitte bei folgender Aufgabe, daß bei Blatt 10 der Abszissen-Nullpunkt etwa in Blattmitte und bei Blatt 11 der Ordinaten-Nullpunkt etwas unterhalb der Blattmitte liegen!

Nehmen Sie die Kennlinie $I = I(U)$ folgender PV-Generatoren auf:
- Monokristallines, polykristallines und amorphes PV-Modul
  Blatt 9
- Reihenschaltung von polykristallinem und amorphem PV-Modul.
  Blatt 10
- Parallelschaltung von polykristallinem und amorphem PV-Modul.
  Blatt 11

Machen Sie noch einige Abschattungsexperimente:
- Geben Sie eine Abschattungskonfiguration vor.
- Überlegen Sie, wie die zu erwartende I-U-Kennlinie aussehen wird.
- Ermitteln Sie die I-U-Kennlinie.   *Blatt 12*
- Diskutieren Sie die Ergebnisse!

4.5.2.4   Zeichnen Sie in die Blätter 10 und 11 der Aufgabe 4.5.2.3 ein:
- Aus den gemessenen I-U-Kennlinen der einzelnen PV-Module die zu erwartende Kennlinie der zusammengeschalteten PV-Module!
- Aus den gemessenen I-U-Kennlinien der einzelnen und zusammengeschalteten PV-Module im 1. I-U-Quadranten die bestimmbaren Kennlinienteile des „schwächeren" PV-Moduls im 2. bzw. 4. I-U-Quadranten!

Ermitteln Sie jeweils die maximalen Leistungen der einzelnen PV-Module $P_{maxModul1}$ bzw. $P_{maxModul2}$ und der zusammengeschalteten Modulen $P_{maxModul(1+2)}$!
Vergleichen Sie $P_{maxModul} + P_{maxModul2}$ mit $P_{maxModul(1+2)}$!

4.5.2.5   Bestimmen Sie I_{sc}, U_{oc}, P_{max}, R_{Pmax}, und η_{Pmax} und stellen Sie diese Größen übersichtlich in einer Tabelle zusammen!
Versuchen Sie Ihre Ergebnisse unter Berücksichtigung der von Ihnen eingeschätzten Unsicherheiten sinnvoll mit den Datenblättern der einzelnen Firmen zu vergleichen und zu deuten!

4.6 Anhang zu Versuch 4

Anhang A: Zur R_s - Bestimmung

Das Ersatzschaltbild Abb. 4.5 wird wie folgt verallgemeinert dargestellt:
Alle zur Stromquelle parallel liegenden Bauelemente werden in einem nicht-

linearen Widerstand R zusammengefaßt, in welchem auch das physikalische Verhalten der Diode mitenthalten ist.

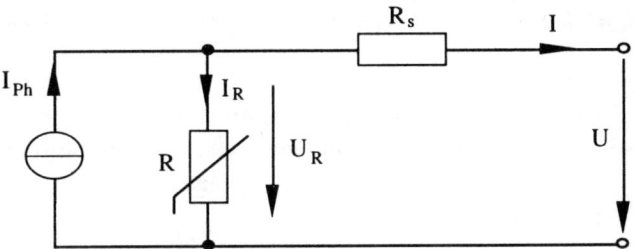

Abb. 4.15 Verallgemeinerte Darstellung des Ersatzschaltbildes der Solarzelle

Wir betrachten zwei I-U-Kennlinien der Solarzelle bei zwei verschiedenen Bestrahlungsstärken E_1 und $E_2 = E_1 - \Delta E$ und sonst gleichen äußeren Bedingungen – insbesondere also bei gleicher spektraler Verteilung der Bestrahlungsstärke und gleicher Temperatur; s. Abb. 4.6.

Der Widerstand R_S für die beiden Kennlinien ist gleich, wenn er nicht von E abhängt. Dies wird im folgenden unterstellt (und erweist sich i. a. für die hier vorkommenden Bestrahlungsstärken als gerechtfertigt, s. unten.)

Der variable Widerstand $\quad R = \dfrac{U_R}{I_R}$ $\qquad$ (4.18)

hat für zwei Arbeitspunkte (U_1, I_1) und (U_2, I_2) auf der einen bzw. anderen Kennlinie offensichtlich den gleichen Wert, falls:

$$R = \frac{U_1 + R_S \cdot I_1}{I_{Ph1} - I_1} = \frac{U_2 + R_S \cdot I_2}{I_{Ph2} - I_2} \; . \qquad (4.19)$$

Die beiden rechten Seiten sind insbesondere dann einander gleich, wenn die beiden Zähler und die beiden Nenner jeweils für sich gleich sind:

$$I_{Ph1} - I_1 = I_{Ph2} - I_2 \qquad \text{und} \qquad (4.20)$$

$$U_1 + R_S \cdot I_1 = U_2 + R_S \cdot I_2 \; . \qquad (4.21)$$

Daraus folgt

$$I_{Ph1} - I_{Ph2} = I_1 - I_2 \qquad \text{und} \qquad (4.22)$$

$$R_S = \frac{U_2 - U_1}{I_{Ph1} - I_{Ph2}} \; . \qquad (4.23)$$

Für die praktische Bestimmung von R_S kann hier vereinfachend in sehr guter Näherung

$$I_{Ph1} - I_{Ph2} = I_{sc1} - I_{sc2} \tag{4.24}$$

gesetzt werden (vgl. auch Frage 10).

Damit folgt die in 4.2.5.1 dargelegte Konstruktion zur Bestimmung von R_S.

Durch die Mehrfachbestimmung von R_S aus Kennlinien verschiedener Bestrahlungsstärkenkombinationen läßt sich die oben gemachte Voraussetzung (nämlich R_S unabhängig von E) überprüfen!

Anhang B: Lösungen der Verständnisfragen

zu 1.   Siehe z. B [4.5] Kapitel 2 und Kapitel 7; [4.2] und weitere Bücher über Halbleiterdioden.

zu 2.   Siehe [4.5] S. 27;

DIN 5031, T. 7: Sichtbare Strahlung (Licht, VIS):
Wellenlängenbereich: 380 bis 780 nm;
Frequenzbereich: 790 bis 385 THz

zu 3.   1,6 bis 3,3 eV.

zu 4.   Siehe [4.5], S. 161; tiefer gehend in [4.2], Kapitel 3.

E_g ist die Mindestenergie, die ein Photon haben muß, damit bei seiner Absorption eine reguläre Elektronenpaarbindung des Wirtsgitters (bei c-Si-Solarzellen also eine Elektronenpaarbindung zwischen 2 benachbarten Si-Atomen) aufgebrochen werden kann, wodurch ein Ladungsträgerpaar (Leitungselektron, Loch) entsteht. Daraus ergibt sich, daß praktisch nur Photonen mit einer Energie $\geq E_g$ in der Solarzelle zur Stromerzeugung verwertet werden können.

zu 5.   Siehe z. B. [4.2].

Für c-Si etwa $0{,}3\ \mu m < \lambda < 1{,}1\ \mu m$; Vergleich mit Abb. 2.2 in [4.5].

zu 6.   Das Si-Pyranometer enthält als Sensor eine c-Si-Photodiode: Es bewertet die zu messende Strahlung entsprechend der spektralen Empfindlichkeit einer c-Si-Solarzelle. Insbesondere ist es „blind" für $\lambda > \lambda_g$ (λ_g ist die der gap-Energie E_g entsprechende Wellenlänge; für c-Si ist $\lambda_g = 1{,}1\ \mu m$). Die spektrale Empfindlichkeit des Thermosäulen–Pyranometers entspricht sehr viel weitergehend der eines schwarzen Absorbers.

Konsequenz: Das Si-Pyranometer „sieht" im Gegensatz zum Thermosäulen – Pyranometer den sehr großen Strahlungsbeitrag der Glühlampen (als Sonnenlichtsimulatoren) für $\lambda > \lambda_g$ nicht. Dieser Beitrag ist aber gerade auch unmaßgeblich für die Solarzellen.

zu 7.   a)

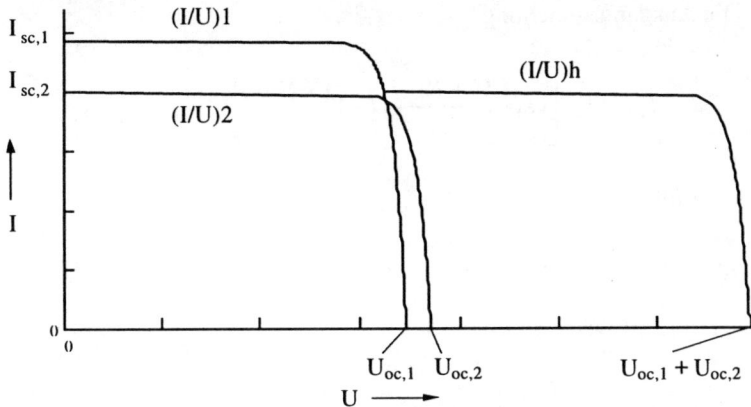

Abb. 4.16 Einzelkennlinien zweier hintereinander geschalteter PV-Generatoren und Kennlinie des Gesamtgenerators

b)

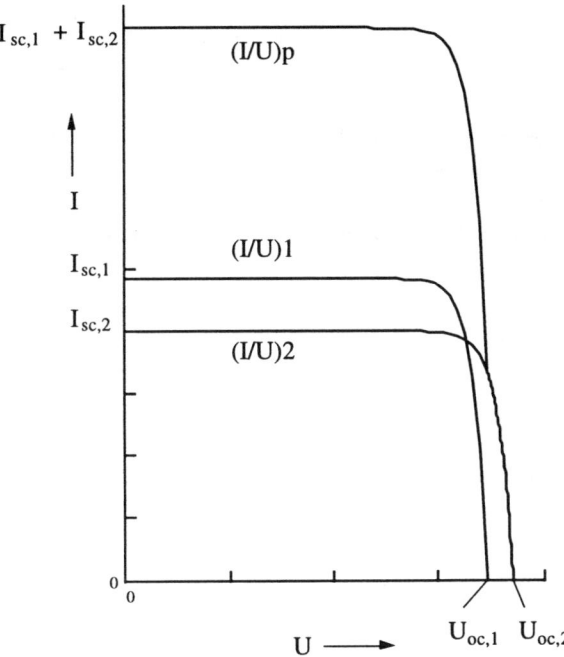

Abb. 4.17 Einzelkennlinien zweier parallel geschalteter PV-Generatoren und Kennlinie des Gesamtgenerators

zu 8. Siehe Lösungen „Blatt 12".

zu 9. Der zeitliche Verlauf der Kondensatorentladung wird durch R und C bestimmt. Eine Gefährdung bei großer im Kondensator gespeicherter Energie (großer PV-Generator) und plötzlicher Entladung (entspricht $R = 0$) ist möglich.

zu 10. Die Ausgangsgleichung

$$I = I_{Ph} - I_S \cdot \left[\exp\left(\frac{U + R_S \cdot I}{U_T} \right) - 1 \right] - \frac{U + R_S \cdot I}{R_P} \ . \tag{4.25}$$

kann für $U + R_S \cdot I \ll U_T$ (4.26)

und mit $\exp(x) \approx 1 + x$ für $|x| \ll 1$:

vereinfacht werden zu

$$I = I_{Ph} - I_S \cdot \frac{U + R_S \cdot I}{U_T} - \frac{U + R_S \cdot I}{R_P} \ . \tag{4.27}$$

Für das I-U-Kennlinien-Wertepaar (I_h, U_h) mit $U_h = -R_S \cdot I_h$ gilt nach (4.25) und (4.27) :

$$I_h = I(U_h) = I_{Ph} \ . \tag{4.28}$$

Mit bekanntem (gemessenem!) Wert von R_S läßt sich in gemessener I-U-Kennlline der Strom I_h bestimmen (Schnittpunkt der I-U-Kennlinie mit der Geraden $I = -U / R_S$).

Für die gemessene I-U-Kennnlinie (ordentlicher) Solarzellen erhält man:

$$I_{ph} - I_{sc} \ll I_{sc} \ ; \text{d. h. } I_{ph} \approx I_{sc} \ . \tag{4.29}$$

Aus $I_{sc} = I\ (U=0)$

mit (4.27) $= I_{Ph} - I_S \cdot \dfrac{R_S \cdot I_{sc}}{U_T} - \dfrac{R_S \cdot I_{sc}}{R_P}$

und mit (4.29) $\approx I_{Ph}$

folgt $\left| I_S \cdot \dfrac{R_S \cdot I_{sc}}{U_T} + \dfrac{R_S \cdot I_{sc}}{R_P} \right| \ll I_{sc} \ . \tag{4.32}$

Da die beiden Summanden der linken Seite jeweils positiv sind, gilt auch:

$$I_S \cdot \frac{R_S}{U_T} \ll 1 \qquad\qquad \text{und} \qquad \frac{R_S}{R_P} \ll 1 \ . \tag{4.33}$$

Aus (4.27)

$$dI = -I_S \cdot \frac{dU + R_S \cdot dI}{U_T} - \frac{dU + R_S \cdot dI}{R_P} \tag{4.34}$$

und mit (4.33) folgt die Behauptung

$$\left. \frac{dI}{dU} \right|_{U=0} = -\frac{1}{R_P} . \tag{4.35}$$

Wichtig ist u. a. zu erkennen, daß die Berechtigung aller gemachten Voraussetzungen für obige Näherungen und Vernachlässigungen sich quantitativ an der jeweils vorliegenden auszuwertenden I-U-Kennlinie nachprüfen lassen (Prüfung auf Selbstkonsistenz und gegebenenfalls Möglichkeit der Abschätzung, wie groß die Unrichtigkeit ist).

Anhang C: Beispielhafte Versuchsergebnisse

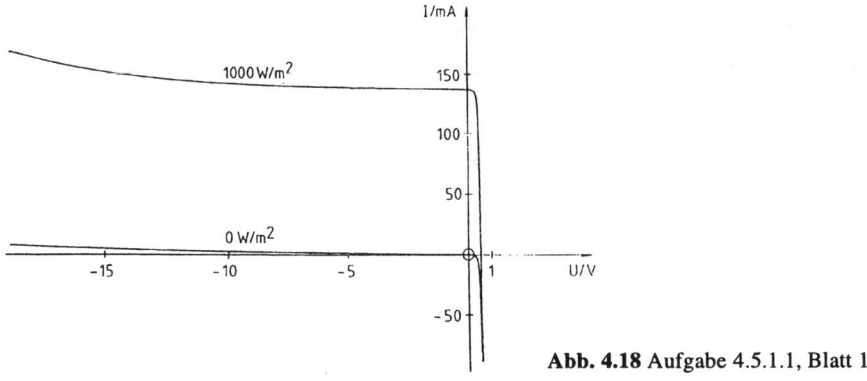

Abb. 4.18 Aufgabe 4.5.1.1, Blatt 1

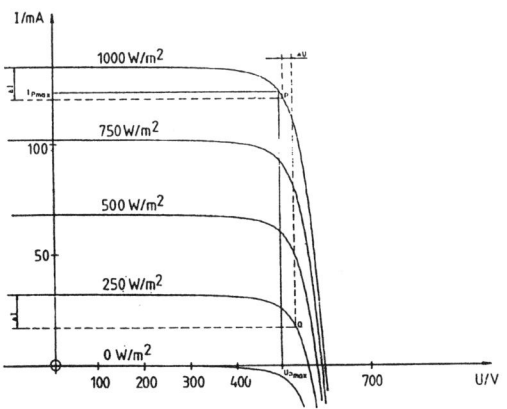

Abb. 4.19 Aufgabe 4.5.1.2, Blatt 2

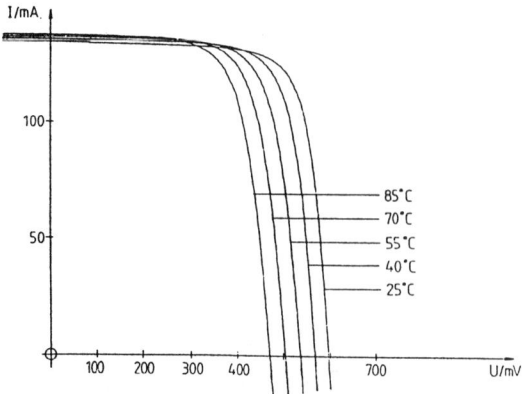

Abb. 4.20 Aufgabe 4.5.1.2, Blatt 5

Aufgabe 4.5.1.3

Werte der Solarzelle bei $E = 1000$ W/m^2 und $T = 25$ °C:

Kurzschlußstrom	I_{sc}	135 mA
Leerlaufspannung	U_{oc}	600 mV
maximale Leistung	P_{max}	62 mW
Widerstand bei P_{max}	R_{PmaX}	4,0 Ω
Wirkungsgrad bei P_{max}	η_{Pmax}	15,5 %
Füllfaktor	FF	77,0 %
Reihenwiderstand	R_s	0,24 Ω
Parallelwiderstand	R_p	> 3 kΩ .

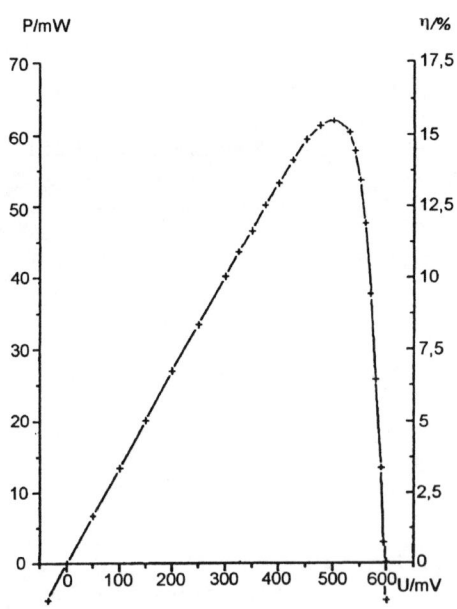

Abb. 4.21 Aufgabe 4.5.1.4, Blatt 6

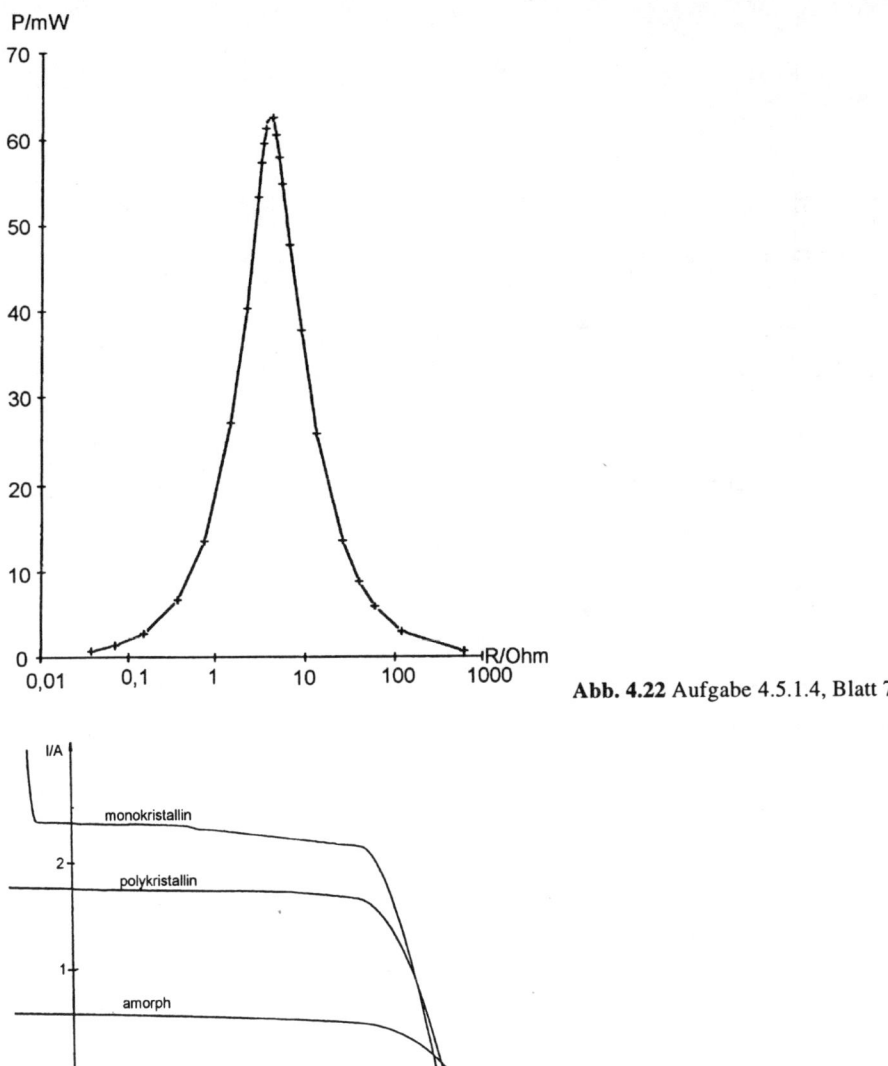

Abb. 4.22 Aufgabe 4.5.1.4, Blatt 7

Abb. 4.23 Aufgabe 4.5.2.3, Blatt 9

Anmerkung: Die kleine Unebenheit in der I-U-Kennlinie des monokristallinen PV-Moduls bei etwa 7 V ist eine Folge der unvollkommenen räumlichen Homogenität der Bestrahlungsstärke des Sonnenlichtsimulators im Verein mit den beiden Bypaßdioden. Das polykristalline und das amorphe Modul haben keine Bypaßdioden.)

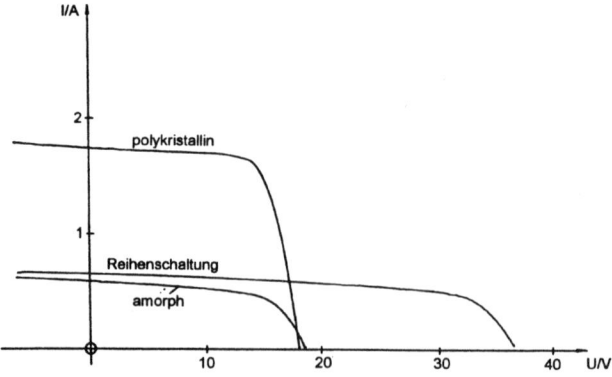

Abb. 4.24 Aufgabe 4.5.2.3, Blatt 10

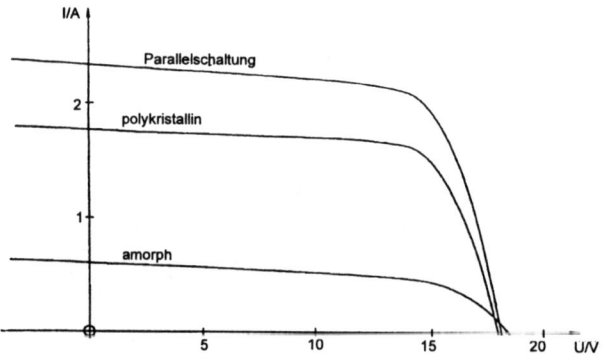

Abb. 4.25 Aufgabe 4.5.2.3, Blatt 11

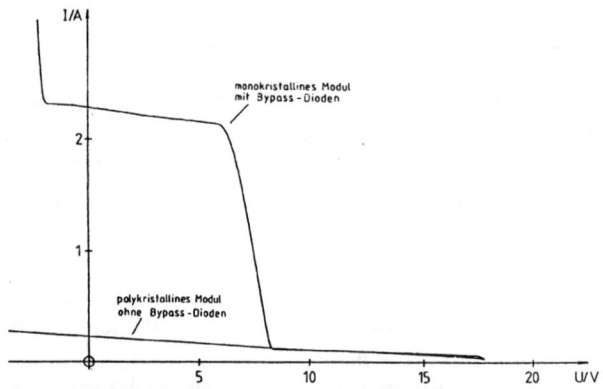

Abb. 4.26 Aufgabe 4.5.2.3, Blatt 12, Abschattung (Beispiel)

5 Elektrolyse

H. Barthels und J. Mergel

5.1 Versuchsziel

Der Versuch soll den Einfluß der Stromdichte, des Elektrodenabstandes und der Elektrolyt-Temperatur auf die Klemmenspannung einer Elektrolyse-Zelle mit aktivierten und nicht aktivierten Elektroden untersuchen.

5.2 Einige Grundlagen

Die thermodynamische Betrachtung der reversiblen Energiewandlung chemisch gebundener Energie in nutzbare Arbeit kann auch für einen elektrochemischen Prozeßablauf, wie z.B. die Elektrolyse, mit Hilfe der Fundamentalgleichung der Thermodynamik, auch als Gibbs-Helmholtz-Gleichung bekannt, durchgeführt werden:

$$\Delta H = \Delta G + T\Delta S \tag{5.1}$$

ΔH ist dabei die Bindungsenergie oder Enthalpie des Energieträgers, ΔG ist die „freie Enthalpie" und der Energieanteil von ΔH, der in der galvanischen Zelle direkt in elektrische Nutzenergie überführt und genutzt werden kann (Brennstoffzelle) bzw. bei der Elektrolyse als elektrische Arbeit zur Zersetzung des Wassers in seine Bestandteile H_2 und $1/2\ O_2$ aufgewendet werden muß.

Das Produkt $T\Delta S$ aus absoluter Temperatur und Entropie ist der verbleibende Anteil der Enthalpie ΔH, der nicht in Nutzarbeit verwandelt bzw. als Wärmeenergie für die Wasserspaltung noch erforderlich ist.

Die thermodynamische Betrachtung der elektrochemischen Prozesse liefert prinzipiell die Möglichkeit, Aussagen über den Stoffumsatz und über die Richtung der Reaktion zu machen, dabei ist diese Aussage stets unabhängig vom Prozessweg und daher nur als End- oder Anfangszustand mit Δ als kennzeichnende Differenz zu betrachten. Die Zustandsgrößen ΔH, ΔG und ΔS sind temperatur- und druckabhängige kalorische Größen, die tabelliert vorliegen.

Bei der Reaktion gilt die thermodynamische Vorzeichenregel, daß bei Brennstoffzellen Arbeits- und Wärmeabgaben eines Systems negativ und bei der Elektrolyse positiv gezählt werden.

Die Anwendung der thermodynamischen Gesetze auf elektrochemisch reagierende Systeme liefert die Möglichkeit, den Zusammenhang zwischen stofflichen und energetischen Veränderungen im System zu beschreiben, wobei auch die Temperatur- und Druckabhängigkeit eingeschlossen sind.

Die Oxydation des Wasserstoffs durch Sauerstoff als Beispiel für die Brennstoffzellen-Reaktion und die Reduktion (Zersetzung) des Wassers in Wasserstoff und Sauerstoff als Beispiel für die Elektrolyse laufen als Bruttoreaktionen wie folgt ab:
als exotherme Reaktion in der Brennstoffzelle:

$$H_2 + 1/2\ O_2 \longrightarrow \text{elektrische Energie} + H_2O \tag{5.2}$$

$$\Delta H \longrightarrow -\Delta G - T\Delta S \tag{5.3}$$

als endotherme Reaktion in der Elektrolysezelle:

$$H_2O + \text{elektrische Energie} \longrightarrow H_2 + 1/2\ O_2 \tag{5.4}$$

$$T\Delta S + \Delta G \longrightarrow \Delta H \tag{5.5}$$

Läßt man in einer galvanischen Zelle die Reaktion an beiden Elektroden ablaufen, so besteht, entsprechend dem Faraday'schen Gesetz, zwischen der im Zeitraum t ausgetauschten elektrischen Ladung und der umgesetzten Stoffmenge Z in Molen die Beziehung:

$$I \cdot t = n \cdot F \cdot Z \tag{5.6}$$

Dabei ist $F = 96485$ As/mol die Faraday-Zahl und n die Zahl der ausgetauschten Elektronen pro Reaktionsformel. Die maximale elektrische Arbeit pro Mol des umgesetzten Stoffes ist dann:

$$(U_0 \cdot I \cdot t) / Z = n \cdot F \cdot U_0 \tag{5.7}$$

wobei der Ausdruck auf der linken Seite gleich der „freien Enthalpie" ΔG ist.
Die reversible Zellspannung U_0 ist somit

$$U_0 = -\Delta G / (n \cdot F) \tag{5.8}$$

wobei das eingesetzte negative Vorzeichen bei einer Energieabgabe (- ΔG) die Spannung U_0 sinnvollerweise positiv erscheinen läßt!
Für die Wasserelektrolyse beträgt die „freie Enthalpie"

$$\Delta G = +237{,}4 \cdot 10^3 \text{ J/mol}$$
$$\text{(bei } p = 1 \text{ bar und } T = 298 \text{ K)} \tag{5.9}$$

und damit die reversible Zellspannung

$$U_0 = 237,4 \cdot 10^3 / 2 \cdot 96485 = -1,23 \text{ V}. \tag{5.10}$$

Im allgemeinen besteht eine Elektrolysezelle zur alkalischen Wasserzersetzung aus einem Zellengefäß, das durch ein Diaphragma in zwei Elektrodenräume aufgeteilt wird (s. Abb. 5.1).

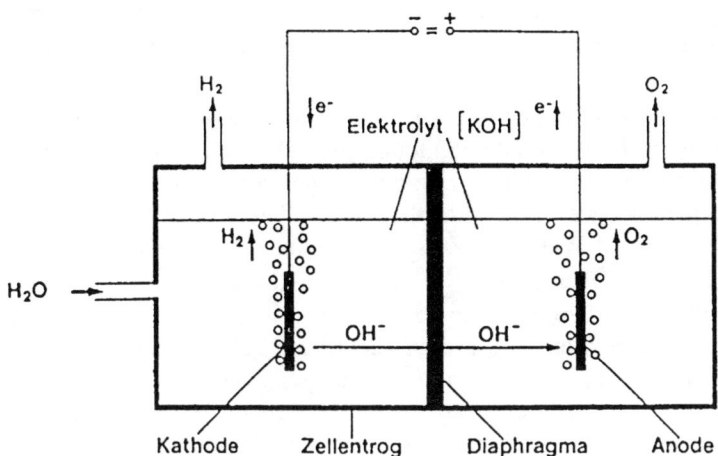

Abb. 5.1 Schematischer Aufbau einer alkalischen Wasserelektrolysezelle

Als Elektrodenmaterial werden Metalle wie z.B. Nickel verwendet. Wegen der geringen Dissoziation besitzt reines Wasser eine nur kleine elektrolytische Leitfähigkeit. Deshalb werden dem zu zersetzenden Wasser vollkommen dissoziierende Säuren oder Basen beigefügt. Da saure Lösungen Korrosionsprobleme verursachen, arbeiten Wasserelektrolysezellen und auch die in diesem Praktikum verwendete Zelle mit einem alkalischen Elektrolyten guter Leitfähigkeit (vorwiegend 6 bis 8 molarer Kalilauge KOH). Das Diaphragma ist eine halbdurchlässige Wand, die für Ionen und Elektrolytlösung durchlässig ist, aber eine wechselseitige Vermischung der bei der Elektrolyse entstehenden Gase H_2 und O_2 verhindert.

Legt man nun eine elektrische Gleichspannung U_{Kl} an die Elektroden der Elektrolysezelle, so entsteht zwischen ihnen ein elektrisches Feld, das eine Ionenwanderung zur jeweils entgegengesetzt geladenen Elektrode bewirkt.

Die durch Anlegen der elektrische Gleichspannung U_{Kl} an die Elektroden entstehenden Gase H_2 und O_2 werden unmittelbar nach ihrer Entstehung von den Elektrodenoberflächen adsorbiert. Dadurch entsteht zwischen Metallelektrode und Gas auf beiden Seiten eine für Redoxvorgänge typische Potentialdifferenz (galvanische Polarisation).

Die elektrische Potentialdifferenz dieser galvanischen Polarisation setzt sich aus der Differenz der beiden Elektrodenpotentiale zusammen und wirkt der außen angelegten Spannung U_{Kl} entgegen. Bei kleiner angelegter Spannung (etwa 1 Volt) kann daher kein elektrischer Strom durch die Elektroden fließen. Bei einer Erhöhung der äußeren Spannung wächst auch die galvanische Polarisation der Zelle so lange, bis der Partialdruck der adsorbierten Gase den Zellendruck erreicht hat. Erst dann können die Gase von der Metallelektrodenoberfläche entweichen. Der Betrag der in diesem Punkt anliegenden Klemmenspannung wird Zersetzungsspannung U_Z des Wassers genannt.

Die theoretische Zersetzungsspannung U_{Zth} beträgt bei Standardbedingungen ($T = 298$ K, $p = 1013$ mbar) $U_{Zth} = 1,23$ V und ist mit der reversiblen Zellspannung U_0 identisch.

Die galvanische Polarisation ist reversibel und kann experimentell beobachtet werden, wenn man nach der Gasblasenbildung die anliegende Spannungsquelle abschaltet. Mit einem Voltmeter läßt sich eine negative Spannung messen, die ähnlich wie bei einem Kondensator allmählich auf Null abfällt.

Tatsächlich gemessene Werte der Zersetzungsspannung sind höher als U_{Zth}. Verantwortlich für diese Überspannungen sind die Reaktionshemmungen an den Elektroden und die ohmschen Spannungsabfälle an dem zwischen den Elektroden befindlichem Elektrolyten und an den Elektroden selbst. Diese Überspannungen, die zusätzlich zur theoretischen Zersetzungsspannung aufgebracht werden müssen, sind irreversibel. Sie gehen dem elektrochemischen System an Energie verloren. Doch durch geeignete Auswahl des Elektrolyten und seiner Temperatur, der Elektrodenmaterialien und der Zellgeometrie (Elektrodenabstand, Elektrodenoberfläche) lassen sich die Überspannungen reduzieren. Bei modernen Wasserelektrolyseuren werden zu diesem Zweck die Elektroden durch Aufbringen von Edelmetallen auf ihren Oberflächen aktiviert. Diese Aktivierung beschleunigt den Reaktionsablauf an den Elektroden und trägt damit zu einer Reduzierung der Überspannungen bei.

Auch durch poröse Elektrodenoberflächen lassen sich diese unerwünschten Überspannungen verkleinern. Die bei der Versuchsdurchführung verwendeten Elektroden sind mit Platin-Aktivkohle und Carbonyl-Nickel überzogen worden. Dadurch entstehen aktive Oberflächen, die um ein vielfaches größer sind als die geometrischen Oberflächen der Elektroden. Durch die poröse Elektrodenstruktur steht den zu entladenden Ionen eine viel größere Fläche zur Verfügung.

Möglichkeiten zur Verkleinerung des Spannungsabfalles im Elektroden-Zwischenraum lassen sich aus der Definition des Elektrolytwiderstandes

$$R_E = L/(A \cdot k) \tag{5.11}$$

mit

R_E = Elektrolytwiderstand (Ω)
L = Elektrodenabstand (cm)
A = Elektrodenfläche (cm^2)
κ = elektrische Leitfähigkeit des Elektrolyten (Ω^{-1}cm^{-1})

ableiten.
Der Quotient L/A wird als Widerstandskapazität bezeichnet. Bei gleichen

Elektrodenoberflächen A, wie sie im Versuch verwendet werden, ist die Widerstandskapazität mit L variierbar. Die spezifische Leitfähigkeit κ ist von der Art des Elektrolyten, der Molarität und der Temperatur abhängig. Im Versuch wird κ über die Temperatur verändert.

5.3 Verständnisfragen zum Versuch

1. Wie sieht der elektrochemische Reaktionsablauf in einer alkalischen und einer sauren Elektrolysezelle aus?
2. Wie lautet die thermodynamische Fundamentalgleichung (Gibbs-Helmholtz-Gleichung) zur Beschreibung der elektrochemischen Energieumwandlung?
3. Wie ist die vorstehende Gleichung in bezug auf die Wasserelektrolyse zu interpretieren?
4. Welcher Zusammenhang besteht bei der elektrochemischen Energiewandlung in einer galvanischen Zelle zwischen der freien Enthalpie und der reversiblen elektrischen Zellspannung?
5. Was sind die Ursachen für die Abweichung der Klemmenspannung bei Stromfluß in einer galvanischen Zelle von der reversiblen Zellspannung U_0 im Leerlauf?

5.4 Praktische Hinweise zum Versuchsaufbau

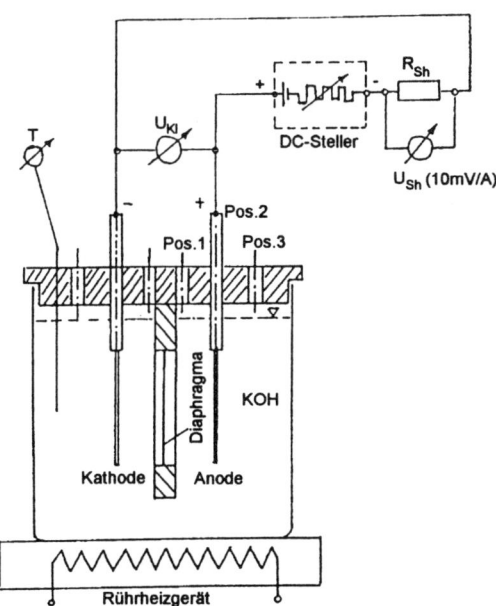

Abb. 5.2 Skizze des Versuchsaufbaus

Für den Elektrolyse-Versuch steht jeweils eine Zelle mit aktivierten und nicht aktivierten Elektroden zur Verfügung.

Die Nickellochblech-Elektroden haben eine geometrische Fläche von $A = 12{,}5$ cm^2.

Das hochwirksame keramische Diaphragma besteht aus NiO.

Der Elektrolyt ist eine 7 molare Kalilauge (KOH) in wässriger Lösung.

Zellstrom und Zellspannung können über ein Netzgerät (DC-Steller) eingestellt und über Shunt und Voltmeter gemessen werden.

Bei den Elektrodenabständen sind 3 Stellungen möglich:

    Position 1 = 10 mm
    Position 2 = 40 mm
    Position 3 = 70 mm

Die Temperatur des Elektrolyten wird über ein Rührheizgerät eingestellt und mit einem Pt 100 - Meßfühler gemessen und angezeigt.

Beim Wechseln der Elektrodenpositionen und nach Beendigung des Versuches ist die plusseitige Stromverbindung am DC-Steller zu unterbrechen (Stecker ziehen!).

5.5 Aufgabenstellung/Versuchsdurchführung

Die Versuchsdurchführung ist aus den folgenden Tabellen 5.1 bis 5.6 zu ersehen. Dort sind die Versuchsergebnisse zu dokumentieren und in den Blättern 1 bis 3 grafisch darzustellen (diese Blätter werden während des Praktikums ausgegeben!):

5.5.1 Strom-Spannungskennlinien U_{kl} = f (j) für aktivierte und nicht aktivierte Elektroden (Blatt 1)

Tragen Sie zusätzlich

a) die gemessene Zersetzungsspannung U_z

b) die berechnete reversible Zellspannung U_0 (25 °C)

c) die berechneten energetischen Konversionsfaktoren $\eta = U_{th}/U_{kl}$ für j= 0, 100, 400, 1000 mA/cm^2 in die beiden Kurven ein!

In welchem Betriebspunkt erreicht man den größten energetischen Wirkungsgrad?

5.5.2 Die Abhängigkeit der Zellklemmenspannung U_{kl} vom Elektrodenabstand L für aktivierte und nicht aktivierte Elektroden (Blatt 2)

Ermitteln Sie zusätzlich die Klemmenspannung U_{kl} für den Elektrodenabstand $L = 0$!

5.5.3 Die Abhängigkeit der Zellklemmenspannung U_{kl} von der Elektrolyttemperatur für aktivierte und nicht aktivierte Elektroden (Blatt 3)

Es ist die stündlich produzierte Wasserstoffmenge bei der im Versuch eingestellten Stromdichte j = 200 mA/cm^2 zu berechnen. Dabei ist eine Stromausbeute (Faraday-Wirkungsgrad) von 1,0 anzunehmen.

Zeigen Sie, daß der Konversionsfaktor der Elektrolyse nur von der angelegten Zellklemmenspannung U_{kl} abhängig ist!

Diskutieren Sie in dem von Ihnen anzufertigenden Versuchsbericht anhand der Meßergebnisse Möglichkeiten zur Verbesserung der alkalischen Wasserelektrolyse!

5.5.4 Versuche mit glatten Nickelelektroden

Die folgenden Versuche werden mit glatten unaktivierten Nickel-Lochblechelektroden durchgeführt.   Diaphragma: NiO .

a) Messung des Einflusses der Stromdichte auf die Klemmenspannung (Strom-/Spannungskurve)
    Elektroden in Position 2 (Elektrodenabstand 40mm)
    Raumtemperatur: ^{o}C
    Elektrodenfläche: 12,5 cm^2
    Zur Ermittlung der Zersetzungsspannung (Spannung, bei der erste Gasblasen an den Elektroden gebildet werden) muß die Spannung des DC-Stellers von 0 V aus langsam erhöht werden.
    Zersetzungsspannung: V
    KOH-Temperatur: ^{o}C

Tabelle 5.1 Strom-/ Spannungskurve

Stromdichte mA/cm^2	Strom A	Shunt-Spannung mV	Klemmenspannung V
50	0,625	6,25	
100	1,25	12,5	
200	2,50	25,0	
400	5,00	50,0	
600	7,50	75,0	
800	10,00	100,0	
1000	12,50	125,0	

b) Messung der Klemmenspannung einer monopolaren Zelle mit Diaphragma als Funktion des Elektrodenabstandes bei Raumtemperatur.
    Stromdichte: 200 mA/cm^2 (2,5 A / Shunt-Sp. 25 mV)
    KOH-Temperatur: ^{o}C

Tabelle 5.2 Klemmenspannung/Elektrodenabstand

Position	Elektrodenabstand mm	Klemmenspannung V
1	10	
2	40	
3	70	

c) Messung des Einflusses der Temperatur auf die Klemmenspannung
Dazu wird mit Hilfe der Heizplatte und des Magnetrührers bei langsamer Umdrehungszahl die Temperatur der KOH erhöht und bei den jeweiligen Temperaturen die Klemmenspannung abgelesen.
Stromdichte: 200 mA/cm^2 (2,5 A / Shunt-Sp. 25 mV)
Elektrodenabstand: Position 2 (40mm)

Tabelle 5.3 Klemmenspannung/Temperatur

Temperatur ^{o}C	Klemmenspannung V
30	
40	
50	
60	
70	
80	

5.5.5 Versuche mit aktivierten Nickelelektroden

Diese Versuche werden mit aktivierten Nickel-Lochblechelektroden durchgeführt.
Kathode: Pt-Aktivkohle/Carbonyl-Nickel
Anode: Co/Fe/Carbonyl-Nickel
Diaphragma: NiO

a) Messung des Einflusses der Stromdichte auf die Klemmenspannung (Strom-/Spannungskurve)
Elektroden in Position 2 (Elektrodenabstand 40mm)
Raumtemperatur: ^{o}C
Elektrodenfläche: 12,5 cm^2
Zur Ermittlung der Zersetzungsspannung (Spannung, bei der erste Gasblasen an den Elektroden gebildet werden) muß die Spannung des DC-Stellers von 0 aus langsam erhöht werden.
Zersetzungsspannung: V
KOH-Temperatur: ^{o}C

Tabelle 5.4 Strom-/ Spannungskurve

Stromdichte mA/cm^2	Strom A	Shunt-Spannung mV	Klemmenspannung V
50	0,625	6,25	
100	1,25	12,5	
200	2,50	25,0	
400	5,00	50,0	
600	7,50	75,0	
800	10,00	100,0	
1000	12,50	125,0	

b)   Messung der Klemmenspannung einer monopolaren Zelle mit Diaphragma als Funktion des Elektrodenabstandes bei Raumtemperatur.

Stromdichte: 200 mA/cm^2 (2,5 A / Shunt-Sp. 25 mV)

KOH-Temperatur: ^{o}C

Tabelle 5.5 Klemmenspannung/Elektrodenabstand

Position	Elektrodenabstand mm	Klemmenspannung V
1	10	
2	40	
3	70	

c)   Messung des Einflusses der Temperatur auf die Klemmenspannung
Dazu wird mit Hilfe der Heizplatte und des Magnetrührers bei langsamer Umdrehungszahl die Temperatur der KOH erhöht und bei den jeweiligen Temperaturen die Klemmenspannung abgelesen.

Stromdichte: 200 mA/cm^2 (2,5 A / Shunt-Sp. 25 mV)

Elektrodenabstand: Position 2 (40mm)

Tabelle 5.6 Klemmenspannung/Temperatur

Temperatur ^{o}C	Klemmenspannung V
30	
40	
50	
60	
70	
80	

5.6 Anhang zu Versuch 5

Lösungen der Verständnisfragen

zu 1.

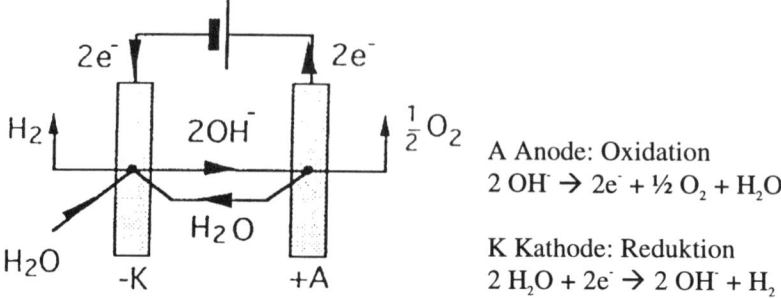

A Anode: Oxidation
2 OH⁻ → 2e⁻ + ½ O₂ + H₂O

K Kathode: Reduktion
2 H₂O + 2e⁻ → 2 OH⁻ + H₂

Abb. 5.3 Elektrochemischer Reaktionsablauf in einer alkalischen Elektrolysezelle

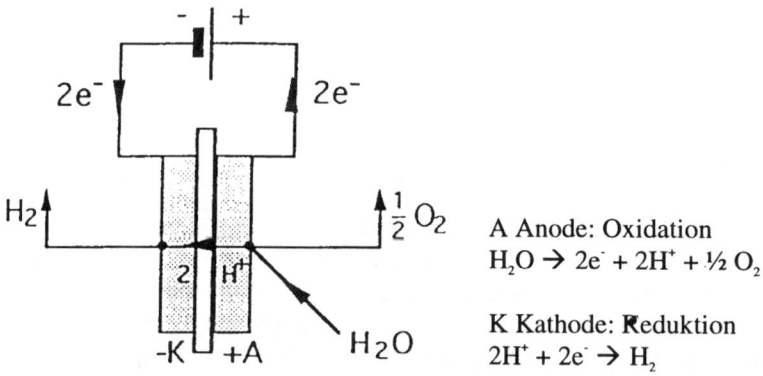

A Anode: Oxidation
H₂O → 2e⁻ + 2H⁺ + ½ O₂

K Kathode: Reduktion
2H⁺ + 2e⁻ → H₂

Abb. 5.4 Elektrochemischer Reaktionsablauf in einer sauren Elektrolysezelle

zu 2. $\Delta H = \Delta G + T\Delta S$ (5.1)

mit ΔH Bindungsenergie bei der Verbrennung des Energieträgers-die Enthalpie (J/mol)

ΔG der Energieanteil von ΔH, der in der galvanischen Zelle direkt in elektrische Nutzenergie überführt werden kann -die „freie Reaktionsenthalpie" (J/mol)

$T\Delta S$ der verbleibende Anteil von ΔH, der nicht in Nutzarbeit verwandelt werden kann und in Form von Wärme frei wird

Δ Differenz zwischen dem End- und Ausgangszustand des Prozesses.

zu 3. Die reversible thermodynamische Energiewandlung der Wasserelektrolyse liefert als endotherme Reaktion:

$$H_2O + \text{elektrische Energie} \longrightarrow H_2 + 1/2\, O_2 \qquad (5.4)$$

$$T\Delta S + \Delta G \longrightarrow \Delta H \qquad (5.5)$$

d.h. nicht die gesamte Bindungsenergie ΔH muß bei der Wasserzersetzung durch die elektrische Energie U_0 aufgebracht werden, sondern ein Teil wird in Form von Wärmeenergie $T\Delta S$ der Umgebung (H_2O) entzogen. Der elektrische Aufwand für die Elektrolyse sinkt also mit steigender Temperatur T, da der fehlende Anteil an der Zersetzungsenergie über den mit T steigendem Entropiestrom $T\Delta S$ gedeckt werden kann.

zu 4. Läßt man in einer galvanischen Zelle die Reaktion an beiden Elektroden ablaufen, so besteht entsprechend dem Faraday´schen Gesetz zwischen der im Zeitraum t ausgetauschten elektrischen Ladung $I \cdot t$ und der umgesetzten Stoffmenge Z in Molen die Beziehung

$$I \cdot t = n \cdot F \cdot Z . \qquad (5.6)$$

Dabei ist $F = 96485$ As/mol die Faraday-Zahl und n die Zahl der ausgetauschten Elektronen pro Reaktionsformel. Die maximale elektrische Arbeit pro Mol des umgesetzten Stoffes ist dann

$$U_0 \cdot (I \cdot t) / Z = -n \cdot F \cdot U_0, \qquad (5.7)$$

wobei der Ausdruck auf der linken Seite gleich der „freien Enthalpie" ΔG ist. Die reversible Zellspannung ist somit

$$U_0 = - (\Delta G / nF) . \qquad (5.8)$$

zu 5. Die thermodynamisch erreichbaren reversiblen Zellspannungen gelten praktisch für unendlich kleinen Stromfluß, d.h. für den Leerlauf. Bei Stromfluß treten Verluste (Irreversibilitäten) auf, die von der Kinetik der Elektrodenreaktion, der Geometrie und dem Material der Zelle und dem verwendeten Elektrolyten abhängen. Diese irreversiblen Spannungsanteile werden mit „Überspannungen" oder mit „Polarisation" bezeichnet. Man mißt sie als Differenz der Klemmenspannung der stromliefernden (Brennstoffzelle) oder der stromaufnehmenden (Elektrolyse) Zelle zur „Ruhespannung" U_0 (reversiblen Spannung) der Zelle.

6 Brennstoffzelle

B. Höhlein und R. Menzer

6.1 Versuchsziel

Der Versuch soll das Betriebsverhalten einer mit Wasserstoff und Sauerstoff bei niedrigen Temperaturen betriebenen PEM-Brennstoffzelle (PEMBZ - Proton Exchange Membrane Brennstoffzelle) beim Anfahren, Lastwechsel und Abfahren zeigen und insbesondere Kenntnisse über das Lastverhalten (Strom- und Spannungsverhalten) der Brennstoffzelle bei variiertem Eduktstrom Wasserstoff mit Bezug auf die zu errechnenden Wirkungsgrade vermitteln.

6.2 Einige Grundlagen

Die Umwandlung der chemisch gebundenen Wärme eines Energieträgers in elektrische Arbeit läßt sich grundsätzlich über zwei unterschiedliche Umwandlungswege durchführen. Die konventionelle Weise führt im Wärmekraftwerk mit der Verbrennung der Kohle oder der Kohlenwasserstoffe über eine chemische Reaktion, eine Oxydation, zu Kohlendioxid und Wasser mit anschließender Umwandlung der fühlbaren Wärme in mechanische Energie und schließlich in elektrische Energie. Die maximal mögliche energetische Nutzung des Brennstoffs im Wärmekaftprozeß wird durch den Carnot-Faktor bestimmt. Entsprechend diesem Carnot-Faktor = 1 - (T_u/T_o) hängt die Ausnutzung des Brennstoffs nur von seiner Eintrittstemperatur T_o und seiner Austritts-temperatur T_u in der Wärmekraftmaschine ab. Das bedeutet, daß zur Erzielung eines hohen Wirkungsgrades der Prozeß bei einer möglichst hohen Verbrennungstemperatur T_o und einer möglichst niedrigen Austrittstemperatur T_u zu führen ist.

Im Unterschied hierzu ist die Brennstoffzelle ein elektrochemischer Wandler, der die chemisch gebundene Wärme eines Energieträgers durch den Reaktionsschritt der Oxydation auch bei relativ niedrigen Temperaturen direkt in elektrische Energie umsetzen kann. Diese direkte elektrochemische Energieumwandlung wird nicht durch den Carnot-Faktor, wohl aber durch die freie Reaktionsenthalpie bestimmt.

Als Brennstoff dient z.B. Wasserstoff und als Oxidant Sauerstoff (Luft). Die wesentlichen Bauteile einer Brennstoffzelle sind die Elektroden Anode (hier MinusPol) und Kathode (hier Plus-Pol), die eine gute elektronische Leitfähigkeit besitzen, und der Elektrolyt zwischen den Elektroden, der ionenleitfähig, jedoch nicht elektronenleitfähig, ist. Die Elektroden sind zwar gasdurchlässig, aber undurchlässig für flüssige Elektrolyten. Die verschiedenen Brennstoffzellen unterscheiden sich u. a. in der Art und Betriebweise des Elektrolyten. Daraus ergeben sich auch unterschiedliche Elektrodenreaktionen und entsprechend unterschiedliche Ionen, die zwischen Anode und Kathode ausgetauscht werden (s. Abb. 6.1 und 6.2).

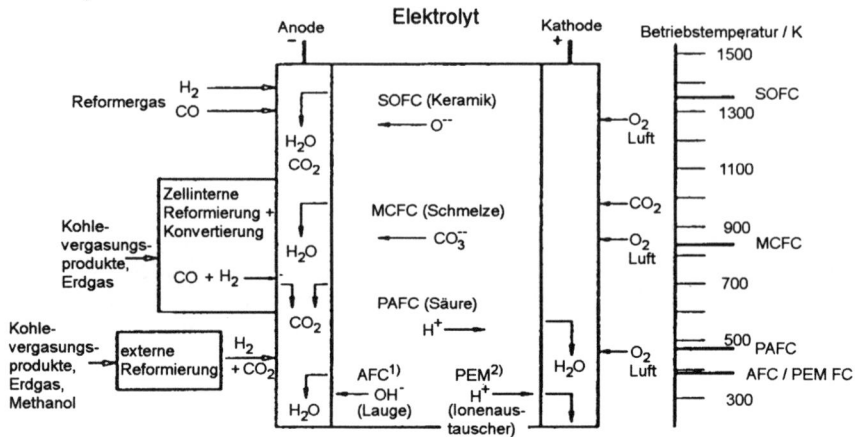

Abb. 6.1 Brennstoffzellentypen [6.20]

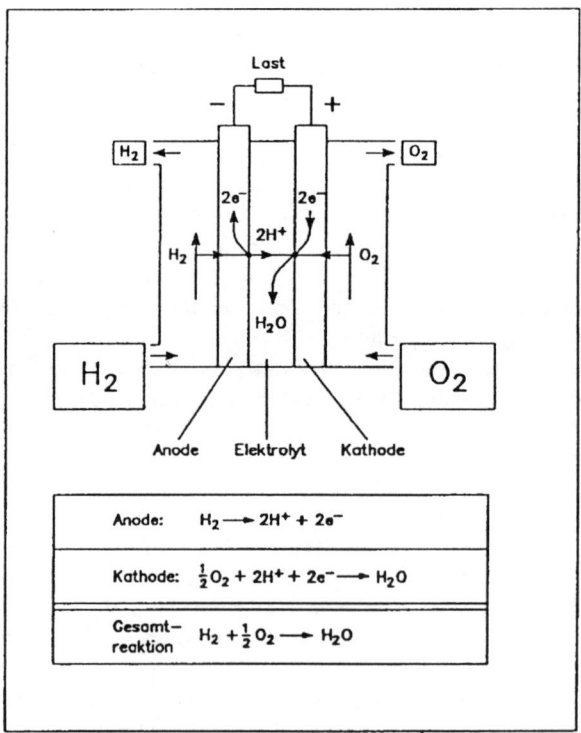

Abb. 6.2 Prinzip der Brennstoffzelle [6.20]

Die Reaktionsgleichungen in Abb. 6.2 gelten auch für das Beispiel der PEM-Brennstoffzelle (PEMBZ), wie sie im Solarpraktikum eingesetzt wird. In einer solchen PEMBZ ist der Elektrolyt eine wie eine Säure wirkende Kunststoff-Membran (z.B. NAFION, DOW-Fabrikat), die bei Temperaturen zwischen Raumtemperatur und 100 °C - vorzugsweise 80 °C - betrieben werden kann. Die Ionenleitfähigkeit der Membran wird u.a. dadurch erreicht, daß die Membran feucht gehalten wird, wodurch eine Anfeuchtung sowohl des Anodengases Wasserstoff als auch des Kathodengases Sauerstoff oder Luft zwingend wird.

An der sogenannten Dreiphasengrenze trifft das Gas auf die beiden Bauteile Elektrode und Elektrolyt. Auf der Anodenseite wird hier in der Grenzschicht der Wasserstoff elektrochemisch zu Protonen oxidiert. Die dabei frei werdenden Elektronen fließen von der Anode über die externe Last zur Kathode. Die Protonen (H^+- Ionen) bewegen sich von der anodenseitigen Grenzschicht durch den Elektrolyten zur kathodenseitigen Grenzschicht. Dort reagieren sie mit dem Sauerstoff unter Aufnahme von Elektronen zu Wasser, das abgeführt wird. Ein erheblicher Teil der chemisch gebundenen Energie des Brennstoffs wird direkt in Elektrizität umgewandelt, der Rest in Wärme, die aus der Zelle durch entsprechende Kühlung abzuführen ist. Einzelne Zellen werden in sogenannten Stapeln oder Stacks in Reihe geschaltet.

Die reversible Reaktionsarbeit W_{rev} der Bruttoreaktion

$$H_2 + \frac{1}{2}O_2 = H_2O \qquad (6.1)$$

ist gleich der Differenz der freien Standardenthalpien zwischen Edukten und Produkten -ΔG- oder der elektrischen Arbeit, die von der reversibel arbeitenden Brennstoffzelle abgegeben wird, wenn H_2, O_2 und H_2O jeweils bei derselben Temperatur und beim selben Druck zu- beziehungsweise abgeführt werden. Diese reversible Reaktionsarbeit läßt sich auch ausdrücken als Differenz von Heizwert oder Brennwert ΔH dieser Reaktion, vermindert um das Produkt aus absoluter Temperatur und Differenz der Standardentropien (als Maß für die Zunahme an Entropie im System und als Maß für die abzugebende Energie in Form von Wärme):

$$W_{rev} = \Delta G = \Delta H - T \cdot \Delta S \left[\frac{J}{mol} \right] . \qquad (6.2)$$

Wählt man

$$T = T_0 = 298,15 \text{ K und}$$
$$p = p_0 = 1 \text{ bar}$$

und nimmt für das Reaktionssystem Wasser als Produkt und damit den Brennwert mit

$$H = 285,8 \ \frac{kJ}{mol}$$

an, dann erhält man für die reversible Reaktionsarbeit

$$W_{rev} = \Delta G = 237,13 \ \frac{kJ}{mol} \ . \tag{6.3}$$

(Stoffdaten: s. Abb. 6.3). Daraus läßt sich die reversible Klemmenspannung berechnen.

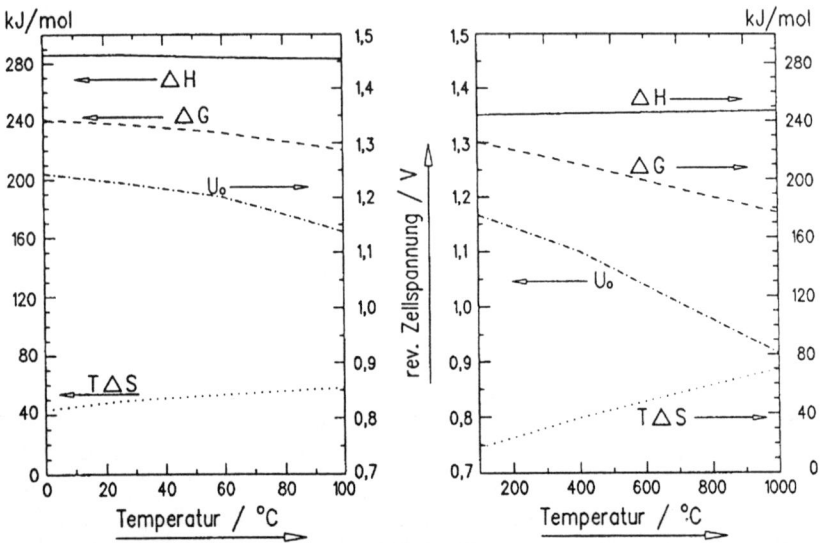

Abb. 6.3 Temperatur der Enthalpien ΔH und ΔG und der reversiblen Zellspannung U_0 der flüssigen und gasförmigen Wasserreaktion [5.1]

Für die maximal mögliche elektrische Leistung gilt

$$P_{rev} = I_{el} \cdot \left(U_{el}\right)_{rev} = \dot{n}_{H_2} \cdot \Delta G_{T,p} \tag{6.4}$$

mit:

$$P = \text{elektrische Leistung} \ \left[\frac{J}{s}\right]$$

$$I = Strom \ [A]$$

$$U = \text{Spannung} \ [V]$$

$$\dot{n}_{H_2} = \text{MolenstromWasserstoff} \ \left[\frac{mol}{s}\right]$$

$$\Delta G = \text{freie Reaktionsenthalpie} \ \left[\frac{J}{mol}\right]$$

Der elektrische Strom I ergibt sich als Produkt des Stoffmengenstroms $\dot{n}_{el}$ der Elektronen, der Ladung eines Elektrons $(-e)$ und der Avogadro-Konstanten N_A:

$$I_{el} = \dot{n}_{el} \cdot (-e) \cdot N_A. \tag{6.5}$$

Das Produkt aus der elektrischen Elementarladung $e=1{,}6 \cdot 10^{-19}$ C und der Avogadro-Konstanten $N_A = 6{,}022 \cdot 1023$ mol^{-1} bezeichnet man als Faraday-Konstante.

$$F = e \cdot N_A = 96485 \text{ C} \cdot \text{mol}^{-1} = 96485 \text{ As} \cdot \text{mol}^{-1}$$

Mit $\dot{n}_{el} = 2 \cdot \dot{n}_{H_2}$ für das vorliegende Reaktionssystem erhält man für die reversible Klemmenspannung

$$\left(U_{el}\right)_{rev} = -\frac{\Delta G_{(T,p)}}{2 \cdot F}$$

$$\left(U_{el}\right)_{rev} = -\frac{-237{,}13 \frac{\text{kJ}}{\text{mol}}}{2 \cdot 96485 \frac{\text{As}}{\text{mol}}} = 1{,}23\text{V} \quad \text{bei Raumtemperatur } (298\text{ K})$$

In Abb. 6.3 sind die reversiblen Spannungen für andere Temperaturen und das Reaktionssystem mit flüssigem und gasförmigem Wasser als Produkt dargestellt. Als Folge der im Inneren der Brennstoffzelle ablaufenden irreversiblen Prozesse ist die Klemmenspannung niedriger als oben für 298 K errechnet. Diese errechnete Spannung stellt sich auch nicht im stromlosen Zustand ein. Wird Strom entnommen, so sinkt die Spannung weiter ab. Das Verhältnis der tatsächlichen Klemmenspannung zur reversiblen Klemmenspannung bei derselben Betriebstemperatur ist ein Maß für die Leistungsminderung infolge der Irreversibilitäten und wird als elektrischer Wirkungsgrad bezeichnet:

$$\eta_{el} = U / U_{rev}(T). \tag{6.7}$$

Nur ein Teil des zugeführten Brennstoffs Wasserstoff wird in der Zelle umgesetzt. Ungenutzter Wasserstoff verläßt die Zelle und wird entweder zurückgeführt zur Anode oder in einem Gesamtsystem in anderer Weise genutzt. Infolge der Irreversibilitäten im System kann die reversible Reaktionsarbeit nicht erreicht werden. Die tatsächlich erreichbare elektrische Leistung ist kleiner als P_{rev}. Bezieht man die tatsächlich erreichte elektrische Leistung auf den Enthalpiestrom des umgesetzten Wasserstoffs auf der Basis des Heizwertes

$$\dot{H} = \dot{n}_{H_2} \cdot \Delta H \, [\text{J} \cdot \text{s}^{-1}] \quad \text{bei 298 K,} \tag{6.8}$$

so erhält man den verfahrenstechnisch bedeutenden Gas-Wirkungsgrad

$$\eta_{Gas} = P_{el} / \dot{H} \quad \text{bei 298K,} \tag{6.9}$$

nämlich den Anteil des Brennstoff-Heizwerts, der in elektrische Leistung umgewandelt werden kann. Dieser erreicht im Idealfall

für flüssiges Wasser als Produkt	bei	$T = 298$ K	83 %
	und bei	$T = 373$ K	78 %
sowie			
für gasförmiges Wasser als Produkt	bei	$T = 298$ K	94,5%
	und bei	$T = 373$ K	93 %.

6.3 Verständnisfragen zum Versuch

1. Erläutern Sie den Aufbau und die Funktion einer PEMBZ!
2. Beschreiben Sie den Zusammenhang zwischen der reversiblen Reaktionsarbeit einer Brennstoffzelle und dem Heizwert des zu oxidierenden Edukts!
3. Beschreiben Sie den elektrischen Wirkungsgrad der untersuchten Brennstoffzelle und die Ermittlung der notwendigen Größen aus Theorie und Praxis!
4. Beschreiben Sie den Gas-Wirkungsgrad der untersuchten Brennstoffzelle und die Ermittlung der notwendigen Größen aus Theorie und Praxis!

6.4 Praktische Hinweise zum Versuchsaufbau

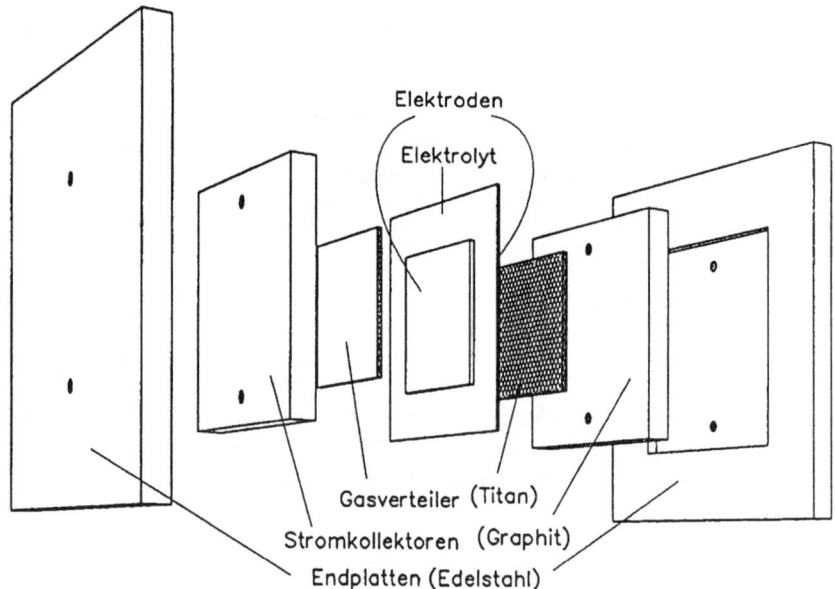

Abb. 6.4 Aufbau einer PEM-Laborzelle

Wie bereits unter 6.1 gesagt, besteht das Versuchsziel im Erkennen des Lastverhaltens einer Brennstoffzelle. Im Zentrum des Versuchsaufbaus (bereits vorbereitet) steht eine PEM-Brennstoffzelle (Abb. 6.4) mit einer aktiven Fläche von 40 cm^2. Die Gasdiffusionselektroden Anode und Kathode enthalten einen Katalysator und sind auf dem Elektrolyten (NAFION-Membran) aufgebracht. Darauf werden Gasverteiler aus Titan gedrückt, die einerseits die ankommenden Reaktionsgase gleichmäßig auf den Elektroden verteilen und andererseits den entstehenden elektrischen Strom an die Stromkollektoren aus Graphit weiterleiten. An den stählernen Druckplatten wird der Strom abgegriffen. Zusammengehalten wird die Zelle durch isolierte Schraubenbolzen und mit Flachdichtungen und Distanzmaterial nach außen hin abgedichtet.

Die Geschwindigkeit der Zellenreaktion ist von der Temperatur abhängig. Steigt sie, werden die Umsätze an den Elektroden und die Ionenleitfähigkeit des Elektrolyten erhöht, was allerdings durch Materialeigenschaften begrenzt ist. Wegen dieser Temperaturabhängigkeit ist die Testzelle durch aufgeklebte Heizkissen beheizbar.

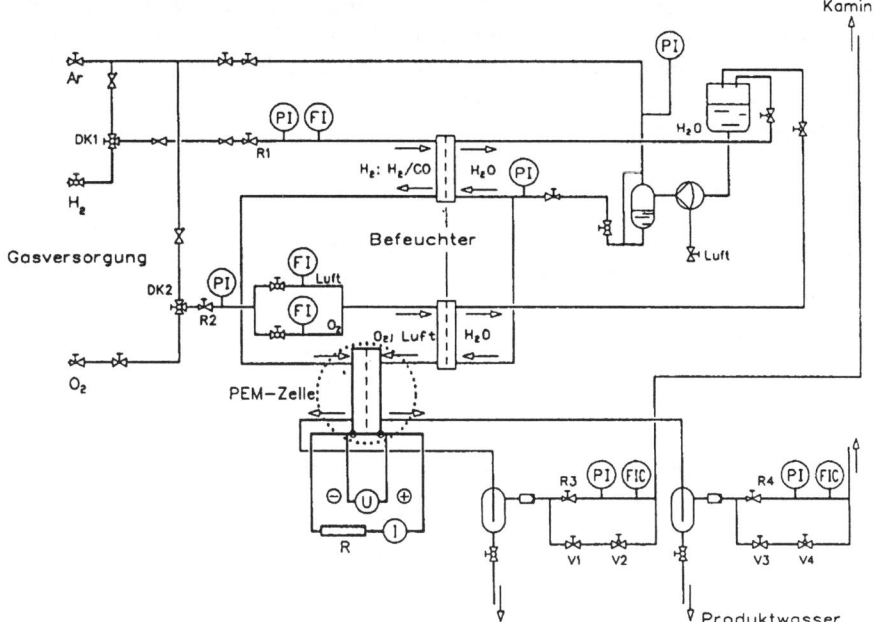

Abb. 6.5 Fließschema zum PEM-Versuch

Die Reaktiongase H$_2$ und O$_2$ werden auf das Arbeitsdruckniveau reduziert und in Befeuchtern mit dem für die Ionenleitfähigkeit dieses Elektrolyten notwendigen Wasser angereichert. In der PEM-Brennstoffzelle wird an der Anode der Wasserstoff zu Protonen (H$^+$-Ionen) unter Abgabe von Elektronen oxidiert (s. Prinzip der Brennstoffzelle). Diese Protonen wandern zusammen mit dem aus dem Wasserstoffbefeuchter stammenden Wasser durch den Membranelektrolyten zur Kathode, um mit dem Sauerstoff dort unter Aufnahme von Elektronen zu reagieren. Das entstehende und das aus den Befeuchtern stammende Wasser wird mit überschüssigen Edukten durch Kondensatabscheider geleitet und dort abgeschieden. Überschüssiger Wasserstoff wird über eine Kaminleitung nach außen abgeben. Die Druckdifferenz zwischen Kathode und Anode wird so gewählt, daß kein oder nur sehr wenig Wasser gegen die Wanderungsrichtung auf der Wasserstoffseite ankommt.

Zwecks Bilanzierung werden die Reaktionsgase vor und hinter der Reaktionsstrecke mit Massenstrommessern erfaßt. Diese Erfassung erfolgt aufgrund des Meßprinzips in auf Normalbedingungen bezogenen Einheiten, so daß keine Korrektur über Temperatur- und Druckdaten erforderlich ist. Berücksichtigt werden muß jedoch ein bei offenem Stromkreis ermittelter Betriebsverlust. Die Anzeige erfolgt in % des Meßbereichs und kann mit den auf den Meßköpfen angegebenen Daten zu Mengenströmen umgerechnet werden.

Durch Schließen des Stromkreises mit Regelwiderständen (ein kleiner für die großen, ein großer für die kleinen Ströme) wird die Zellenreaktion in Gang gesetzt. Durch Variation der Widerstände ändert sich der Strom und abhängig davon die Spannung der Zelle; die Daten können mit den angeschlossenen Meßgeräten erfaßt und in den Protokollvordruck eingetragen werden. Die Zellenreaktion ist, wie bereits angesprochen, mit einer Wärmeentwicklung verbunden, so daß während einer Meßreihe die Temperatur ständig nachgeregelt werden müßte. Hier wird darauf verzichtet, die Änderung jedoch erfaßt. Für die Auswertung gilt die Anfangstemperatur.

Betriebsbedingungen:

Brenngas:	H_2	Druck:	3,0 bar gesamt
Oxydationsgas:	O_2	Druck:	3,5 bar gesamt
Zellentemperatur:	60 °C		
Befeuchter:	Wasserdruck:		3,0 bar gesamt
	Temperatur:		ca. 75 °C

6.5 Aufgabenstellung/Versuchsdurchführung

Die Versuchsführung ist darauf ausgerichtet, durch An- und Abfahren sowie die Aufnahme des Lastverhaltens den Betrieb der PEM-Brennstoffzelle kennenzulernen.

6.5.1 Checkliste (siehe Abb. 6.5)

Anfahren:

- Betriebsmittelvorräte überprüfen
- Wasserpumpe einschalten (Luft), Druck => 3 bar (gesamt)
- Heizungen einschalten
- Reduzierventile R1 und R2 zurückdrehen
- Gaswege für Anoden und Kathodengas auf Argon stellen

- Argon-Ventil öffnen
- Systemdruck mit Argon mit R1 und R2 auf 1,2 bar (gesamt) stellen, System nach hinten hin entlasten mit V1 und V3 (3-5 mal)
- Argon-Ventil schließen, nach hinten hin entlasten (V1 und V3)
- Reduzierventile R1 und R2 zurückdrehen
- H_2 und O_2 öffnen
- auf H_2 und O_2 schalten (DK1 und DK2)
- Systemdruck einstellen (langsam und gleichzeitig auf beiden Seiten durch Betätigen von R1 und R2)
- Abgasdruck (mit R3 und R4) und gew. Abgasmenge einstellen
- Abwarten mit offenem Stromkreis bis die Spannung etwa 1050 mV beträgt.

Sind die Betriebsbedingungen erreicht, kann die Strom/ Spannungskurve aufgenommen werden (Schließen des Stromkreises).

Abfahren:

- Öffnen des Stromkreises
- Heizungen ausschalten
- H_2 und O_2 schließen,
- System langsam und auf beiden Seiten gleichzeitig nach hinten hin entlasten (V1 und V3)
- nach vollständiger Entlastung R1 und R2 zurückdrehen
- Argon öffnen
- auf Argon schalten (DK1 und DK2)
- Gesamtsystem mehrfach (mind. 5mal) mit Argon durch Aufdrücken auf ca. 1,2 bar (gesamt) und Entlasten spülen (Ar,R1,R2,V1,V3)
- R3 und R4 zurückdrehen
- Wasserpumpe ausschalten (Luft)
- auf ca. 1,05 bar Gesamtdruck belassen (R1 und R2)
- Argon schließen.

6.5.2 Meßprotokoll

Die Versuchsdaten werden an den bereits angesprochenen Meßgeräten abgelesen und ggf. umgerechnet und in einen Vordruck (Abb. 6.6) vollständig aufgenommen. Die Temperaturen werden an einem digitalen Mehrkanal-Schreiber abgelesen, die Drücke an den entsprechenden Manometern. Die nicht ablesbaren Daten sind Teil der Auswertung und können unter Verwendung der angegebenen Daten errechnet werden. Ein Beispiel für gemessene Versuchswerte zeigt Abb. 6.7.

IEV　　PEM	Qualität	Druck bar	ϑ °C	Kanal
Brenngas				
Oxydationsgas				
Befeuchter/H₂				
Befeuchter/O₂				
Zelle				

Diagramm: $U = f(j)$　　　　Datum:＿＿＿＿

Definition: $\eta_{el.} = U/U_{rev.}(T)$　　　Name:＿＿＿＿

$\eta_{Gas} = P_{el.}/\dot{H}\,(298K)$

$\Delta H(25°C) = 242\ kJ/mol$

Zeit hh:mm	I A	U mV	j A/cm²	P$_{el.}$ W	η el.	H₂/ml/min ein	aus	Verbr.	O₂/ml/min ein	aus	Verbr.	η Gas	Bemerkung

Abb. 6.6 Vordruck Meßprotokoll

IEV　　PEM	Qualität	Druck bar	ϑ °C	Kanal
Brenngas	H₂	3,0	-	-
Oxydationsgas	O₂	3,5	-	-
Befeuchter/H₂	-	3,0	75	19&20
Befeuchter/O₂	-	3,0	75	15&16
Zelle	-	-	53	17&18

Diagramm: $U = f(j)$　　　　Datum: xx. xx. xx

Definition: $\eta_{el} = U/U_{rev}(T)$　　　Name: Mustermann

$\eta_{Gas} = P_{el} / \dot{H}\,(298K)$

$\Delta H(298K) = 242,0\ kJ/mol$

Zeit hh:mm	I A	U mV	j A/cm²	Pel W	η el.	H₂/ml/min ein	aus	Verbr.	O₂/ml/min ein	aus	Verbr.	η Gas	Bemerkung
11:46	-	1099	-	-	-	23,0	20	3,0	12,7	10	2,7	-	
11:47	1,5	951	0,0375	1,427	0,79	34,0	20	14,0	18,6	10	8,6	0,57	
11:50	2,5	928	0,0625	2,320	0,77	41,0	20	21,0	22,8	10	12,8	0,61	
11:52	4,4	898	0,1100	3,951	0,75	54,0	20	34,0	29,1	10	19,1	0,65	
11:56	8,0	856	0,2000	6,848	0,71	80,0	20	60,0	41,0	10	31,0	0,63	
11:58	12,0	812	0,3000	9,744	0,68	108,0	20	88,0	58,2	10	48,2	0,62	
11:59	16,0	772	0,4000	12,352	0,64	137,0	20	117,0	72,6	10	62,6	0,59	
12:00	20,0	736	0,5000	14,720	0,61	164,0	20	144,0	88,1	10	78,1	0,57	
12:01	24,4	702	0,6100	17,129	0,59	197,0	20	177,0	105,0	10	95,0	0,54	
12:02	28,0	672	0,7030	18,883	0,56	222,2	20	202,2	117,6	10	107,6	0,52	
12:03	32,0	637	0,8000	20.384	0,53	250,0	20	230,0	131,8	10	121,8	0,50	
12:04	36,1	603	0,9030	21,768	0,50	268,0	20	248,0	135,3	10	125,3	0,49	Leistungsgrenze erreicht
12:05	7,9	865	0,1975	6,834	0,72	79,0	20	59,0	41,0	10	31,0	0,64	(Werte ungenau, da Zelltemperatur auf 59°C angestiegen ist.)

Abb. 6.7 Beispiel für gemessene Versuchswerte

6.5.3 Auswertung

Zur Auswertung wird anhand der angegebenen Zelldaten und der Meßergebnisse eine Strom/Spannungskurve ermittelt und in dem entsprechenden Vordruck (Abb. 6.8) dargestellt. Daraus ist das grundsätzliche Lastverhalten einer (beliebigen) Brennstoffzelle zu erkennen. Ein weiteres Ergebnis erhält man durch die Errechnung der Leistung und der Zuordnung der unter 6.2 beschriebenen Ermittlung der einzelnen Wirkungsgrade (s. auch Abb. 6.6).

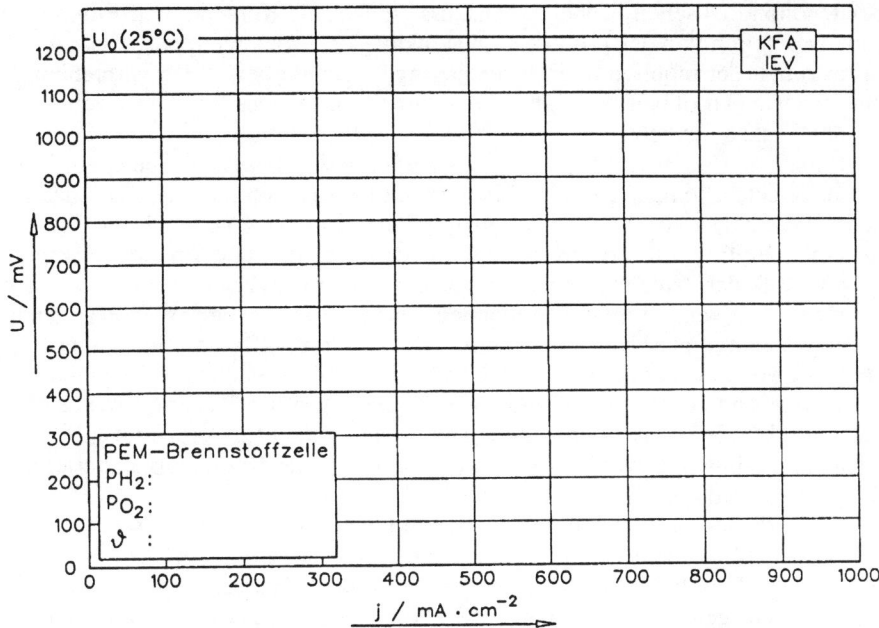

Abb. 6.8 Vordruck Meßergebnis

6.6 Anhang zu Versuch 6

Anhang A: Einsatz von PEM-Brennstoffzellen im Verkehr

Neuartige Antriebe für den Verkehr werden nur dann ein großes Anwendungs-
potential erreichen können, wenn sie einerseits mit einem höheren Systemwirkungsgrad als verbrennungsmotorische Antriebe zur Schonung der vorhandenen
Energieressourcen und insgesamt zur Minderung der Schadstoffemissionen bei-
tragen, andererseits Fahrleistungen, Nutzlasten und Reichweiten erlauben, die
mit denen konventioneller Fahrzeuge vergleichbar und insgesamt auch preiswert
sind. Dabei müssen Gesamtwirkungsgrad und Gesamtemissionen einer Ener-
gieumwandlungskette vom Primärenergieträger bis hin zum Fahrzeug im Betrieb
gegenüber den konventionellen Energieumwandlungsketten für den Verkehr verbessert werden. Gewichtsreduzierung, Rückgewinnung von Bremsenergie oder
Verkehrsleitsysteme können einen zusätzlichen Beitrag leisten. Die Verwendung
kohlenstoffarmer Primärenergieträger in einem Antriebssystem mit gutem Ener-
giemanagement trägt zur Emissionsminderung bei. Heute dominieren die verbrennungsmotorischen Antriebe auf der Basis des fossilen Primärenergieträgers
Erdöl. Elektroantriebe mit Batterien als Stromquelle stellen derzeit nur einen Ni-
schenmarkt dar. Der Grund für die geringe Marktdurchdringung liegt trotz des
hohen Wirkungsgrades in der geringen Reichweite infolge der niedrigen Ener-
giedichte der Traktionsbatterien und in den hohen Kosten. Vorteile bei den spe-

zifischen Emissionen sind eher bei den limitierten Emissionen und weniger beim Kohlendioxid zu sehen, wobei die Diskussion über die Kohlendioxid-Emissionen ganz wesentlich von der Primärenergiestruktur der Stromerzeugung abhängt. Die Infrastruktur der mobilen Energieversorgung ist ebenfalls von den verbrennungsmotorischen Antrieben geprägt. Alle Industriestaaten besitzen ein flächendeckendes Tankstellennetz.

Unter allen für Fahrzeuge geeigneten Energiewandlern und Speichern besitzen die elektrochemischen in Verbindung mit Elektromotoren einen deutlich höheren Wirkungsgrad als die verfügbaren Verbrennungsmotoren. Daher können sie einen Beitrag zur Lösung der Problematik der mobilen Energieversorgung leisten. Bei der Nutzung einer Brennstoffzelle als Energiewandler in einem Fahrzeug sind wie beim konventionellen Antrieb Speicher und Wandler voneinander getrennt angeordnet. Leistung und Energievorrat (Reichweite) können unabhängig voneinander gewählt und die spezifischen Emissionen Kohlenmonoxid, Stickoxide und organische Verbindungen gegenüber der Batterievariante deutlich gesenkt werden. Bei der Batterie sind Leistung und Energievorrat nicht voneinander unabhängig wählbar, sie sind jeweils für die bekannten Batterietypen sehr unterschiedlich.

Das bedeutet, daß eine Batterie in einem Fahrzeug durch eine Brennstoffzelle und einen Tank für einen geeigneten Kraftstoff abgelöst werden könnte. Da Brennstoffzellen beim heutigen Entwicklungstand Wasserstoff und Luft als Edukte benötigen, müßte man Wasserstoff zur direkten Nutzung oder Methanol zur indirekten Nutzung in der Brennstoffzelle tanken. Ein mit Wasserstoff und Luft für eine PEM-Brennstoffzelle betriebener Bus fährt als Prototyp in Kalifornien und ein Mercedes Kleinlastwagen mit der gleichen Brennstoffzelle und den gleichen Edukten in Deutschland. Mit Bezug auf die Nutzung eines solchen Antriebs in Pkw als Massenartikel würden sich wegen der niedrigen Speicherdichte heutiger Wasserstoffspeicher (Gewichts- beziehungsweise Volumenprobleme) und der Infrastruktur einer Wasserstoffversorgung erhebliche Probleme auftun. Die Lösung sieht einfacher aus, wenn man Methanol tankt und im Fahrzeug ein wasserstoffreiches Synthesegas erzeugt, um damit eine Brennstoffzelle zu betreiben. Die Probleme wie Reichweite und Infrastruktur sollten damit leichter zu lösen sein als bei der Wasserstoff-Variante, doch die Methanol-Variante beeinträchtigt wegen der Wasserstoff-Herstellung im Fahrzeug die Dynamik des Antriebs und zwingt, über einen Kurzzeit-Energiespeicher nachzudenken. Gleichzeitig macht die Methanol-Variante modifizierte Brennstoffzellen erforderlich, um wasserstoffreiche, Restmethanol, CO, CO_2 und Wasser enthaltende Synthesegase als Edukt mit Luft in der Brennstoffzelle oxidieren zu können. Dennoch wird weltweit diese Methanol-Variante in der Forschungs- und Entwicklungsarbeit als naheliegendes Ziel erklärt und für langfristige Vorstellungen auch daran gearbeitet, eine Brennstoffzelle für die direkte Methanol-Nutzung zu entwickeln oder bei Vorhandensein einer kostengünstigen, möglichst auf solarem Wasserstoff aufbauenden Infrastruktur die oben erwähnte Wasserstoff/Luft-Variante zu nutzen.

Anhang B: Lösungen der Verständnisfragen

zu 1. Die wesentlichen Bauteile einer Brennstoffzelle sind die Elektroden Anode
(hier -Pol) und Kathode (hier +Pol), die eine gute elektronische Leitfähigkeit besitzen, und der Elektrolyt zwischen den Elektroden, der ionenleitfähig ist, jedoch nicht elektronenleitfähig. Die Elektroden sind gasdurchlässig, aber für den Fall eines flüssigen Elektrolyten undurchlässig für
den Elektrolyten. Die verschiedenen Brennstoffzellen unterscheiden sich u.
a. in der Art und Betriebweise des Elektrolyten; daraus ergeben sich auch
unterschiedliche Elektrodenreaktionen und entsprechend unterschiedliche
Ionen, die zwischen Anode und Kathode ausgetauscht werden (s. Abb. 6.1
und 6.2).

An der sogenannten Dreiphasengrenze trifft das Gas auf die beiden
Bauteile Elektrode und Elektrolyt. Auf der Anodenseite wird hier in der
Grenzschicht der Wasserstoff elektrochemisch zu Protonen oxidiert. Die
dabei frei werdenden Elektronen fließen von der Anode über die externe
Last zur Kathode. Die Protonen (H^+- Ionen) bewegen sich von der anodenseitigen Grenzschicht durch den Elektrolyten zur kathodenseitigen Grenzschicht. Dort reagieren sie mit dem Sauerstoff unter Aufnahme von Elektronen zu Wasser, das abgeführt wird. Ein erheblicher Teil der chemisch
gebundenen Energie des Brennstoffs wird direkt in Elektrizität umgewandelt, der Rest in Wärme, die aus der Zelle durch entsprechende Kühlung
abzuführen ist.

zu 2. Die reversible Reaktionsarbeit W_{rev} der Bruttoreaktion

$$H_2 + \frac{1}{2}O_2 = H_2O \qquad (6.1)$$

ist gleich der Differenz der freien Standardenthalpien zwischen Edukten
und Produkten $-\Delta G$ - oder der elektrischen Arbeit, die von der reversibel
arbeitenden Brennstoffzelle abgegeben wird, wenn H_2, O_2 und H_2O jeweils
bei derselben Temperatur und beim selben Druck zu- beziehungsweise abgeführt werden. Diese reversible Reaktionsarbeit läßt sich auch ausdrücken
als Differenz von Heizwert oder Brennwert ΔH dieser Reaktion vermindert
um das Produkt aus absoluter Temperatur und Differenz der Standardentropien (als Maß für die Zunahme an Entropie im System und als Maß für
die abzugebende Energie in Form von Wärme):

$$W_{rev} = \Delta G = \Delta H - T \cdot \Delta S \left[\frac{J}{mol} \right] . \qquad (6.2)$$

zu 3. In Abb. 6.3 sind die reversiblen Spannungen für verschiedene Temperaturen und für das Reaktionssystem mit flüssigem und gasförmigem Wasser
als Produkt dargestellt. Als Folge der im Inneren der Brennstoffzelle ablaufenden irreversiblen Prozesse ist die Klemmenspannung im Experiment
niedriger als oben für 298 K errechnet. Diese errechnete Spannung stellt

sich auch nicht im stromlosen Zustand ein. Wird Strom entnommen, so sinkt die Spannung weiter ab. Das Verhältnis der tatsächlichen Klemmenspannung (Experiment) zur reversiblen Klemmenspannung (Theorie) bei derselben Betriebstemperatur ist ein Maß für die Leistungsminderung infolge der Irreversibilitäten und wird als elektrischer Wirkungsgrad bezeichnet:

$$\eta_{el} = U / U_{rev}(T) \, . \tag{6.7}$$

zu 4. Nur ein Teil des zugeführten Brennstoffs Wasserstoff wird in der Zelle umgesetzt. Ungenutzter Wasserstoff verläßt die Zelle und wird entweder zurückgeführt zur Anode oder in einem Gesamtsystem in anderer Weise genutzt. Infolge der Irreversibilitäten im System kann die reversible Reaktionsarbeit nicht erreicht werden. Die tatsächlich erreichbare elektrische Leistung $P_{el} = U \cdot I$ (Experiment) ist kleiner als P_{rev} (Theorie). Bezieht man die tatsächlich im Experiment erreichte elektrische Leistung auf den Enthalpiestrom des umgesetzten Wasserstoffs auf der Basis des Heizwertes

$$\dot{H} = \dot{n}_{H_2} \cdot \Delta H \; [\mathrm{J} \cdot \mathrm{s}^{-1}] \quad \text{bei 298 K,} \tag{6.8}$$

so erhält man den verfahrenstechnisch bedeutenden Gas-Wirkungsgrad:

$$\eta_{Gas} = P_{el} / \dot{H} \quad \text{bei 298K.} \tag{6.9}$$

7 PV-Hausversorgung

A. Neskakis und U. Stecken

7.1 Versuchsziel

Der Versuch behandelt das Zusammenspiel von Komponenten eines Systems begrenzter Leistung im sogenannten „Inselbetrieb", d.h. für eine unabhängig vom öffentlichen Netz arbeitende Anlage. Ziel des Versuches ist es, Kenntnisse über die Wirkungsweise und Funktion der verschiedenen Komponenten eines solchen autonomen PV-Systems zu vermitteln. Dabei wird auf die Kenntnisse des Kapitels 4 aufgebaut.

7.2 Einige Grundlagen

Für die Durchführung des Versuchs werden ausreichende Grundkenntnisse verlangt. Begriffe wie
- Sonnenstrahlung
- Potential der Solarenergie
- Wechselwirkung zwischen Licht und Materie
- Elemente und Gruppen des Periodensystems der Halbleiter
- fundamentale Eigenschaften der Leiter, Halbleiter und Isolatoren
- Bändermodell
- Leitfähigkeit
- Temperaturabhängigkeit
- Herstellung von Solarzellen
- Kopplung von Solarzellen und Modulen
- Kennlinie und Wirkungsgrad der Zellen bzw. Generatoren
- Schaltung eines PV-Generators
sollten klar sein.

Ein mögliches Inselsystem besteht aus den Komponenten
1. PV - Generator,
2. Laderegler,
3. Akkumulator,
4. Wechselrichter,
5. Verbraucher,
deren Anordnung in einem Blockschaltbild in Abb. 7.1 dargestellt ist.

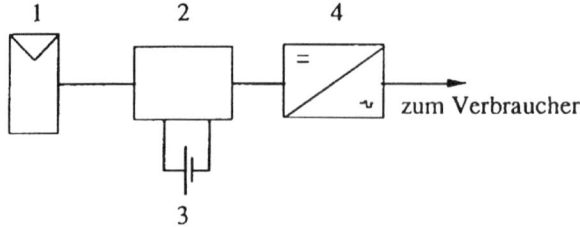

Abb. 7.1 Blockschaltbild eines PV-Inselsystems

Im folgenden soll etwas vertiefend auf die einzelnen Komponenten eingegangen werden.

7.2.1 Der PV-Generator

Bei einem autonomen System wird die Größe des PV-Generators hauptsächlich
vom Energiebedarf des Verbrauchers bestimmt. Andererseits hängt die Energie-
ausbeute des Generators sehr stark von der Einstrahlung und der Außentempe-
ratur ab.

Die Auslegung für ein funktionsgerechtes und optimiertes System muß daher
unter Beachtung aller korrelierenden Komponenten und Randbedingungen erfol-
gen. Die Auswahl des Solarzellentyps, die Ausrichtung und die Montage des
PV-Generators spielen eine große Rolle. Für größere Leistungen werden die
Module in Reihe und parallel geschaltet. Bypaß- und Seriendioden werden zum
Schutz der Module eingebaut. Wichtig ist auch der Blitzschutz der gesamten An-
lage (innerer und äußerer Blitzschutz). Ein Speicher als Zwischenglied soll die
Energieversorgung des Systems kontinuierlich sichern.

7.2.2 Der Laderegler

Durch den Laderegler wird sichergestellt, daß der Akkumulator beim Auf- oder
Entladen bestimmte Spannungsgrenzwerte nicht über- bzw. unterschreitet. Die
Regelung sorgt also für einen sicheren Betrieb des Speichers, daher wird diese
Einheit im System zwischen PV-Generator und Akkumulator geschaltet. Es gibt
verschiedene Arten von Ladereglern.

Bei dem hier verwendeten Zweipunktregler wird beim Laden der PV-
Generator direkt auf den Akkumulator geschaltet, d.h. die Generatorspannung
wird von der Akkumulatorspannung bestimmt. In der Regel ist das aber nicht der
Arbeitspunkt mit der größten Leistungsabgabe des PV-Generators. Ist dagegen
der Laderegler mit einem „Maximum-Power-Point-Tracker (MPPT)" kombi-
niert, so wird nicht nur die Ladespannung des Akkumulators überwacht, sondern
auch der optimale Arbeitspunkt des Solargenerators eingestellt. In Abb. 7.2 sind
die Arbeitsbereiche der beiden Laderegler auf der Kennlinie eines PV-Moduls
dargestellt.

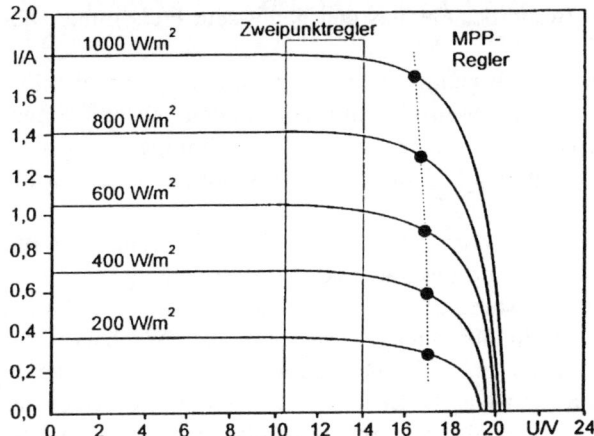

Abb. 7.2 Kennlinien eines PV-Moduls mit Arbeitsbereichen verschiedener Laderegler

7.2.3 Der Speicher

Eine wichtige Komponente des autonomen PV-Systems ist der Speicher. Die meisten im Einsatz befindlichen Solaranlagen werden mit elektrochemischen Speichern bestückt (meist Bleiakkumulatoren). Der Bleiakkumulator besteht im geladenen Zustand aus einer Blei- und einer Bleioxid-Platte, die in ein Schwefelsäurebad eintauchen. Die Entladung verläuft nach folgenden Gleichungen:

$$\text{Anode:} \quad PbO_2 + 4\,H^+ + SO_4{}^{2-} + 2\,e^- \longrightarrow PbSO_4 + 2\,H_2O \tag{7.1}$$

$$\text{Kathode:} \quad Pb + SO_4{}^{2-} \longrightarrow PbSO_4 + 2\,e^- \tag{7.2}$$

Bei der Ladung verläuft die Reaktion in umgekehrter Richtung. Wird dem Akkumulator nach Volladung weiterhin Strom zugeführt, kommt es zur Zersetzung des Elektrolytwassers in Wasserstoff und Sauerstoff - der Akkumulator „gast" (Vorsicht! Diese Mischung ist auch als „Knallgas" bekannt.). Die Kapazität einer Batterie (Speichervermögen) wird in Amperestunden (Ah) angegeben und hängt stark vom Lade- und Entladestrom ab. Die neuen Generationen von Bleiakkumulatoren werden zwar als „wartungsarm" bezeichnet, trotzdem sollte man Lade- und Entladevorgänge immer kontrolliert durchführen.

7.2.4 Der Wechselrichter

Da der PV-Generator Gleichstrom liefert, sind auch viele spezielle Verbraucher entwickelt worden, die mit Gleichstrom arbeiten. Die Umformung der Gleichspannung in Wechselspannung wird aber notwendig, wenn „normale" Verbraucher betrieben werden. Je nach Anforderung kann das Ausgangssignal solcher

Wechselrichter rechteck-, trapez- oder sinusförmig sein. In dieser Reihenfolge werden der elektronische Aufwand des Gerätes und damit sein Preis immer höher.

Für Solaranlagen im Inselbetrieb genügt meist ein rechteck- oder trapezförmiges Ausgangssignal. Wird der Wechselrichter für netzparallele Systeme eingesetzt, muß zur Vermeidung von Netzverzerrungen ein sinusförmiges Ausgangssignal geliefert werden. Diese Auflage bedeutet höhere Investitionskosten für die jeweilige Anlage.

Die Realisierung von Wechselrichtern ist heute mit einem Wirkungsgrad von über 90 % möglich. Doch ist der Wirkungsgrad eines Wechselrichters kein fester Wert, sondern hängt von der Belastung des Wechselrichters ab und ist natürlich bei Nennleistung am Größten. In Solaranlagen muß aber der Wechselrichter häufig im Teillastbereich arbeiten und sollte deshalb auch unterhalb der Nennleistung einen hohen Wirkungsgrad aufweisen. Zur Beurteilung der Güte des eingesetzten Wechselrichters ist es also wichtig, den Wirkungsgrad bei unterschiedlichen Belastungen zu ermitteln.

7.3 Verständnisfragen zum Versuch

1. Welche zu messenden Parameter geben über die Kennlinien und über den Wirkungsgrad des Generators ausreichende Informationen?
2. Welche Parameter sind wichtig für die Ermittlung des Wirkungsgrades des Reglers? Wie werden die dafür erforderlichen Meßgeräte geschaltet?
3. Inwieweit wird die Arbeitsfähigkeit des Systems beeinträchtigt, wenn der Regler ausfällt?
4. Wie arbeitet ein „MPP-Tracker"?
5. Welche elektrochemischen Reaktionen finden beim Lade- und Entladevorgang eines Bleiakkumulators statt?
6. Beschreiben Sie die entnehmbare Kapazität eines Bleiakkumulators als Funktion der Temperatur (Parameter: Entladestrom).
7. Wie verhält sich der Wechselrichter im Leerlauf? Verbraucht er in diesem Zustand Energie? Empfiehlt sich die Entkopplung des Wechselrichters vom Gleichspannungsnetz, wenn kein Verbraucher in Betrieb ist?
8. Welche Anforderungen muß bei netzgekoppelten Anlagen der Wechselrichter bei Netzausfall erfüllen?
9. Welche Bedingungen stellen die Energieversorgungsunternehmen für Netzeinspeisungen?

7.4 Praktische Hinweise zum Versuchsaufbau

Abb 7.3 zeigt im Blockschaltbild die Komponenten des Versuchs PV-Hausversorgung. Ein modularer Aufbau soll das umständliche Zusammenschalten reduzieren.

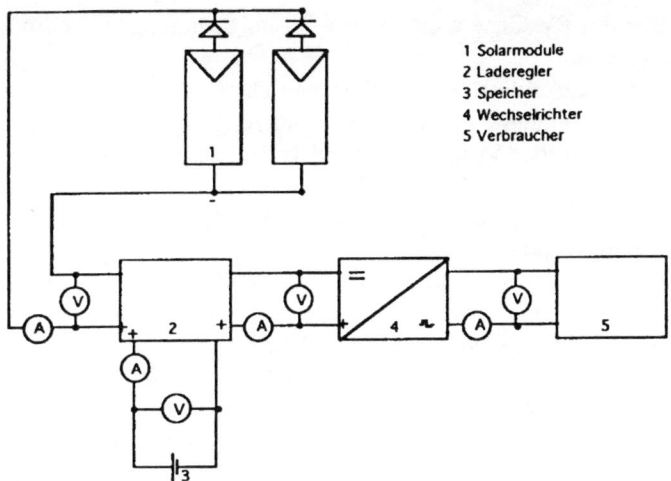

1 Solarmodule
2 Laderegler
3 Speicher
4 Wechselrichter
5 Verbraucher

Abb. 7.3 Versuchsaufbau der PV-Hausversorgung

Der PV-Generator (1) besteht aus 2 monokristallinen Solarmodulen Typ SM 55 der Firma Siemens. Die Leistung je Modul ist mit 53 W_p bei einer Zellentemperatur von 25°C und einer Einstrahlung von 1000 W/m^2 angegeben. Die Module sind bereits zusammengeschaltet.

Der Laderegler (2) dient als Bindeglied zwischen PV-Generator, Speicher und Verbraucher. Er überwacht und regelt den Ladezustand der Batterie. Der Laderegler wurde von der Firma Uhlmann geliefert und zeichnet sich durch einen sehr guten Wirkungsgrad aus.

Als Speicher (3) dient ein Akkumulator der Firma DETA mit einer Kapazität von 100 Ah.

Der Wechselrichter (4) wird am Ausgang des Ladereglers angeschlossen. Die Eingangsspannung ist durch die Spannung des Systems bestimmt und für eine Leistung von 600 VA ausgelegt. Der Wechselrichter liefert eine rechteckförmige Ausgangswechselspannung von ca. 220 V/50 Hz.

Für die Ermittlung der Außen- und Zellentemperatur sind Sensoren montiert.

Durch ein in der Ebene des Generators angebrachtes Pyranometer wird die Einstrahlung gemessen.

Zur Ermittlung des Wirkungsgrads der Komponenten steht eine Reihe von Verbrauchern mit bestimmten Leistungen zur Verfügung.

7.5 Aufgabenstellung/Versuchsdurchführung

Bei der Durchführung des Versuchs stehen für die Messung der physikalischen Parameter vier Multimeter zur Verfügung. Gemessen bzw. ermittelt werden sollen:

- Strom und Spannung des PV-Generators, dessen Strom-Spannungs-Kennlinie sowie sein Wirkungsgrad,
- der Wirkungsgrad des Ladereglers und des Wechselrichters,
- die Energiebilanz des gesamten Systems unter Benutzung von Verbrauchern unterschiedlicher Leistung (der Verbraucher wird vom Versuchsverantwortlichen bestimmt).

Die Temperatur- und Einstrahlungswerte werden aus praktischen Gründen einem installierten Datenerfassungsgerät entnommen.

Im abzugebenden Versuchsbericht soll außerdem folgende Aufgabe bearbeitet werden:

Dimensionieren Sie eine PV-Anlage für den Inselbetrieb, die eine Reihe von Verbrauchern mit einem täglichen Gesamtenergiebedarf von 2 kWh versorgen soll! Die Anlage besteht aus PV-Generator, Laderegler und Akkumulator.

Bei der Dimensionierung des Speichers und des PV-Generators sollen berücksichtigt werden:

- Verluste am Laderegler und in den Leitungen
- Selbstentladung des Akkumulators
- Ladewirkungsgrad des Akkumulators .

Der Akkumulator soll eine Schlechtwetterperiode von 5 Tagen überbrücken können. Die maximale Entladetiefe des Akkumulators sei 40%. Strahlungsdaten für die Auslegung des PV-Generators werden der Literatur entnommen oder sind beim Versuchsverantwortlichen zu erfragen.

7.6 Anhang zu Versuch 7

Anhang A: Lösungen der Verständnisfragen

1. Für die Aufnahme der Kennlinien eines PV-Generators müssen neben Strom und Spannung die Einstrahlung auf die Generatorfläche und die Modultemperatur zeitgleich gemessen werden. Für die Wirkungsgradbestimmung muß die Gesamtfläche der Solarzellen bekannt sein. Die Spannung wird parallel, der Strom in Reihe zum Generatorausgang mit einem Multimeter gemessen. Die Einstrahlung kann z.B. mit einem Pyranometer gemessen werden (s. Kapitel 4). Die Modultemperatur wird in der Regel mit einem Pt 100 auf der Modulrückseite gemessen.

2. Für die Ermittlung des Laderegler-Wirkungsgrades müssen Spannungen (parallel) und Ströme (in Reihe) vor und hinter dem Regler gemessen werden.

3. Bei Ausfall des Reglers arbeitet das System nur noch mit der gespeicherten Energie aus dem Akkumulator.

4. Der „MPP-Tracker" sucht immer den Arbeitspunkt der größten Leistungsausbeute des Generators. Durch ständige Multiplikation von Strom und Spannung ermittelt er auf der Kennlinie den Punkt maximaler Leistung.

5. Laden: $2\,PbSO_4 + 2\,H_2O \longrightarrow PbO_2 + Pb + 2\,H_2SO_4$ (7.3)

   Entladen: $PbO_2 + Pb + 2\,H_2SO_4 \longrightarrow 2\,PbSO_4 + 2\,H_2O$ (7.4)

6. Mit steigender Temperatur steigt auch die Kapazität eines Akkumulators. Mit steigendem Entladestrom fällt sie.

7. Der Wechselrichter benötigt auch im Leerlauf Energie. Daher ist es sinnvoll, bei längerem Stillstand (= kein Verbraucher angeschlossen) den Wechselrichter vom Akkumulator zu trennen.

8. Bei Netzausfall darf der Wechselrichter nicht mehr in das Netz einspeisen.

9. Der Wechselrichter soll in allen Leistungsbereichen eine Ausgangsspannung liefern, die in Form (sinusförmig!), Amplitude und Frequenz der Netzspannung entspricht. Oberschwingungen werden nur bis zu einer minimalen Größe toleriert.

Anhang B: Lösung der Dimensionierungsaufgabe

1. Kapazität des Akkumulators

$$C_{\mathrm{erf}} = \frac{W \cdot t \cdot (1+x)}{U \cdot Y \cdot \eta_{\mathrm{WR}}} \qquad (7.5)$$

W = Energiebedarf/Tag (2 kWh)

t = Systemautonomie (5 Tage ohne Nachladung)

U = Systemspannung (24 V)

x = Selbstentladung (2 % in 5 Tagen)

Y = entnommene Lademenge (60%)

η_{WR} = Wirkungsgrad des Wechselrichters (90%) .

$$C_{\mathrm{erf}} = \frac{2000\,\mathrm{VAh} \cdot 5\mathrm{d} \cdot 1{,}02}{24\mathrm{V} \cdot \mathrm{d} \cdot 0{,}6 \cdot 0{,}9} = 787\,\mathrm{Ah} \qquad (7.6)$$

Gewählt werden 12 Stück 2 Volt-Zellen a' 800 Ah.

2. Größe des PV-Generators

Die Anlage steht im Würzburger Land und soll ganzjährig betrieben werden. Der kritische Monat ist der Dezember mit einer mittleren Einstrahlung von 1,1 kWh/m^2·d auf eine geneigte Fläche zwischen 50° und 60° [7.7].

$$A_{\mathrm{G}} = \frac{W_{\mathrm{E}}}{G \cdot \eta_{\mathrm{GL}} \cdot \eta_{\mathrm{LE}} \cdot \eta_{\mathrm{WR}}} \qquad (7.7)$$

A_G = Generatorfläche

η_{GL} = PV-Wirkungsgrad in Verbindung mit dem Laderegler (10%)

η_{LE} = Lade-, Entladewirkungsgrad des Akkumulators (85%) .

$$A_G = \frac{2000\text{Whm}^2\text{d}}{1100\text{Whd} \cdot 0,1 \cdot 0.85 \cdot 0,9} = 23{,}8\text{m}^2 \tag{7.8}$$

Wenn man sich für ein Modul mit A = 0,4 m^2 entscheidet, werden 60 Module benötigt.

8 Erzeugung von Alkohol

A. Neskakis und L. Wagner

8.1 Versuchsziel

Ziel des Versuchs ist die Herstellung von Ethanol aus einem definierten Ausgangssubstrat. Dabei sollen die eingesetzten und entstehenden Materialien bei der Stoffumsetzung qualitativ und quantitativ ermittelt werden. Der Einfluß von eingesetztem Substrat, Substratkonzentration, Gärtemperatur und des pH-Wertes auf die Gärdauer und Alkoholausbeute soll untersucht werden. Da die Versuche relativ lange dauern, werden die einzelnen Versuchsergebnisse der Praktikumsgruppen am Ende des gesamten Praktikums diskutiert.

Nach Beendigung der Gärung wird der Alkohol durch Destillation von dem vergorenen Saft getrennt. Der gewonnene Alkohol wird mit einer Flammprobe untersucht. Eine Energiebilanz von eingesetzter (Heiz-) Energie und erhaltener (chemischer) Energie in Form des Ethanols schließt die Versuchsauswertung ab.

8.2 Einige Grundlagen

Zur Gewinnung von Stoffwechselenergie stehen drei prinzipielle Möglichkeiten zur Verfügung: Atmung, Gärung und Photosynthese.

Dabei ist die Gärung die einfachste Möglichkeit und wird bei der Herstellung von Ethanol genutzt.

Ethanol (C_2H_5OH), allgemein auch einfach als Alkohol bezeichnet, entsteht bei der Vergärung von Zucker ($C_6H_{12}O_6$) durch Hefezellen (z.B.: Saccharomyces cerevisiae) unter Ausschluß von Luftsauerstoff. Prinzipiell kann über Zwischenstufen auch stärke- oder zellulosehaltige Biomasse umgesetzt werden. Hefen sind in der Lage mit und ohne Sauerstoff (O_2) zu leben. Mit Sauerstoff atmen die Zellen und es kommt zu aktivierter Vermehrung; unter Ausschluß von Sauerstoff kommt es zum Gären. In der Natur findet dieser Prozeß der Vergärung beispielsweise beim „Überreifen" von Obst statt.
Die Grundgleichung der alkoholischen Gärung lautet:

Zucker → 2 Kohlendioxid+ 2 Ethanol

$$C_6H_{12}O_6 \rightarrow 2\,CO_2 + 2\,C_2H_5OH. \qquad (8.1)$$

Ein typischer Ausgangsstoff für die Ethanolerzeugung ist die Weintraube, wenngleich sie in der Regel nicht zu energetischen Zwecken genutzt wird. Hierfür bieten sich eher Zuckerrohr und Zuckerrübe an. Stärkehaltige Biomasse wie Getreide, Mais und Kartoffeln kann über eine Vorstufe (Hydrolyse) in Zucker umgewandelt und vergoren werden. Der Aufwand für zellulosehaltige Biomasse (Holz, Stroh) ist noch höher.

Für eine optimale Vergärung brauchen die Mikroorganismen ihnen angepaßte Umweltbedingungen. Folgende Parameter sollten eingehalten werden:

Zuckergehalt: 10 - 18%
Gärtemperatur: 30 - 40°C
pH-Wert: 3 - 6, optimal 4.

In kontinuierlich arbeitenden Anlagen mit Hefekonzentrationen von ca. 50 g/l werden Gärzeiten von 36 - 48 h erreicht.

Technisch stellt man durch verschiedene Aufbereitungsverfahren aus Biomasse zuerst eine möglichst zuckerhaltige Lösung her. Diese Lösung vergärt dann in Bioreaktoren durch Hefen. Anschließend trennt man die Hefezellen und eventuell vorhandene grobe Bestandteile (Schlempe) durch verschiedene Separationsverfahren ab. Die so gewonnene alkoholhaltige Lösung (bis ca. 16 Vol-% sind möglich) wird anschließend destilliert. Der Alkohol (Ethanol) hat eine Reinheit von ungefähr 95%. Die restlichen 5% bestehen hauptsächlich aus Wasser.

Eigenschaften von Ethanol:

Siedetemperatur : 78,5 °C
Dichte : 0,79 g/cm^3
Heizwert : 21,2 MJ/l = 26,8 MJ/kg.

Unter dem Namen Brennspiritus findet Ethanol Anwendung im kleineren Leistungsbereich (z.B. für Beleuchtung oder zum Kochen).

Aber auch als Kraftstoff für Otto-Motoren (rein oder als Mischkomponente bis zu 20% in Benzin) kann Ethanol verwendet werden. In Brasilien wird Ethanol-Kraftstoff für Autos im großen Maßstab aus Zuckerrohr hergestellt.

8.3 Verständnisfragen zum Versuchsaufbau

1. Welche Mikroorganismen sind an der Alkoholerzeugung beteiligt?
2. Welche Substanzen können durch die Mikroorganismen umgesetzt werden?
3. Welches sind die Hauptparameter für kurze Gärdauer und optimale Alkohlausbeute?
4. Geben Sie die chemische Gesamtformel an und bestimmen Sie in g die maximale Alkoholmenge und CO_2-Produktion von 100 g Zucker!

5. Welche Hauptprodukte entstehen beim Verbrennen von Alkohol?
6. Bei welcher Temperatur siedet Ethanol, welchen Heizwert hat er?
7. Welche energetischen Anwendungsmöglichkeiten gibt es für Ethanol?
8. Welche Produktionsstufe der Ethanolherstellung verbraucht die meiste Energie?
9. Was versteht man unter Destillation?

8.4 Versuchsaufbau

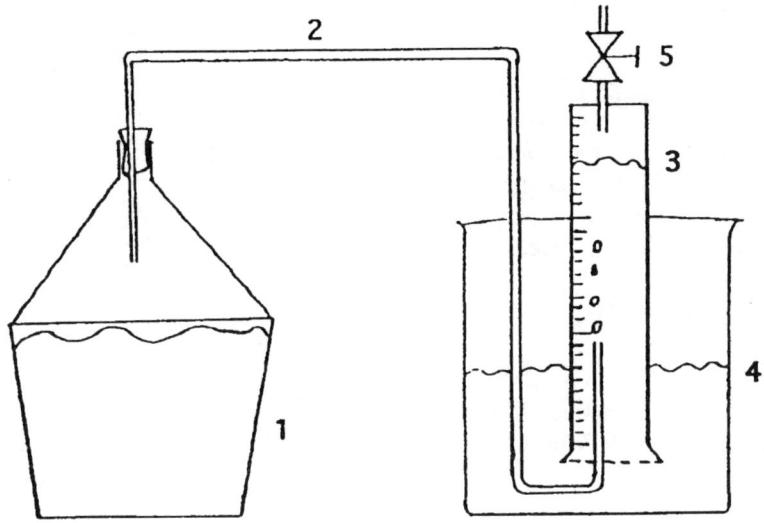

Abb. 8.1 Gärapparatur, 1 Gärbehälter, 2 Gasleitung, 3 Gasspeicher, 4 Becherglas, 5 Ventil

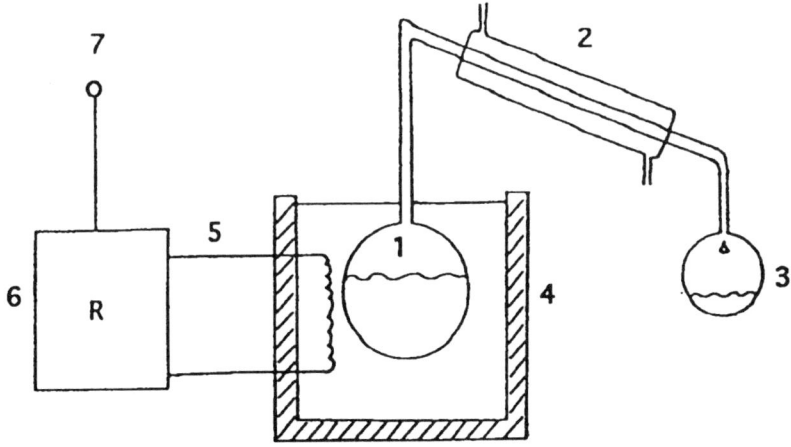

Abb. 8.2 Destillationsapparatur, 1 Destillationskolben, 2 Kühlung, 3 Auffangkolben,
4 Wasserbad, 5 Heizung alternativ: Heizpilz, 6 Regler, 7 Leistungsmesser, Zähler

8.5 Aufgabenstellung /Versuchsdurchführung

Der Versuch soll in 3 Stufen durchgeführt werden:

1. Aufbau der Gärapparatur und Ansetzen des Substrates.
2. Betrieb während der Gärung.
3. Destillation des vergorenen Saftes.

Dabei sollen alle wichtigen Parameter (Materialien, Mengen, Temperaturen etc.) protokolliert werden, um bei der Auswertung Edukte, Betriebsführung und Produkte in Relation stellen zu können.

8.5.1 Anfahren der Anlage

1. Bauen Sie die Gärapparatur nach Abb. 8.1 auf
2. (Gärbehälter ca. 2 Liter, Gasspeicher ca. 2 Liter)!
3. Ansetzen des Substrates:
4. Mischen Sie geriebenen Apfel 100 g, 150 g, 200 g,
5. Wasser 700 ml,
6. Zucker 50 g, 100 g, 150 g,
7. Weinhefe 10 g,
8. Nährsalz $(NH_4)_2HPO_4$, $(NH_4)_2SO_4$, (eine Prise = 0,3 g)
9. Notieren Sie die gemessenen Massen bzw. Mengen!
10. Bestimmen Sie den pH-Wert!
11. Er soll zwischen pH 3 und pH 6 liegen. Regulieren Sie ihn gegebenenfalls mit Milchsäure bzw. Natronlauge!
12. Bestimmen Sie die Dichte!
13. Befüllen Sie den Fermenter und schließen Sie ihn an die Gasauffangapparatur an!
14. Geben Sie ca. 50 g des Apfels auf ein Filtervlies und bestimmen Sie die Trockenmasse durch Differenzmessung vor und nach Verdunstung des Wassers!
15. Notieren Sie die Raumtemperatur!

8.5.2 Betrieb der Anlage

7 - 14 Tage lang und 1 - 2 mal täglich ist folgendes zu tun (in den ersten drei Tagen ist noch keine bzw. eine nur geringe CO_2-Produktion zu erwarten.):

1. Erfassung der Gasproduktion und Raumtemperatur.
2. Absaugen des Gasauffangbehälters.

8.5.3 Destillation

1. Bestimmen Sie nach der Vergärung die Dichte und den pH-Wert!
2. Bauen Sie die Destillationsapparatur nach Abb. 8.2 auf!
3. Füllen Sie den vergorenen Saft durch ein Sieb ein und geben Sie ein paar Siedesteinchen hinzu!
4. Schließen Sie den Wärmetauscher an die Wasserleitung an (es wird nur ein kleiner Volumenstrom benötigt.)!
5. Stellen Sie den Temperaturregler auf 95 °C ein und schalten Sie den Thermostaten ein (schalten Sie einen Stromzähler zwischen)!
6. Alkohol siedet bei 78,5 °C. Diese Fraktion wird im kleineren Glaskolben aufgefangen. Bestimmen Sie die Menge!
7. Bestimmen Sie nach der Destillation die Dichte des Destillats.
8. Zum Nachweis des Ethanols entzünden Sie das Destillat zusammen mit etwas Borax (Di-Natriumtetraborat) auf einem Löffel. Eine blaue Flamme zeigt an daß es sich um Ethanol handelt. Verbrennt die Probe mit einer grünen Flamme, so ist neben Ethanol auch Methanol (giftig!) entstanden.
9. Wiegen Sie die Trockenmasse!

8.5.4 Auswertung

1. Erstellen Sie Diagramme zur Tages-CO_2-Produktion, Gesamt-CO_2-Produktion und Alkoholerzeugung und geben Sie die Parameter der Betriebsführung an!
2. Geben Sie die Alkoholmenge bezogen auf die Trockenmasse/den Zuckeranteil an.
3. Stellen Sie die destillierte Alkoholmenge in Relation zur erwarteten Alkoholmenge aus der gemessenen Gasmenge!
4. Stellen Sie die entstandene Alkoholmenge in Relation zur eingesetzten Heizenergie.
5. Welchen Anteil Wasser hat das Destillat?
6. Diskutieren Sie die Vor- und Nachteile von Ethanol als Otto-Kraftstoff.
7. Lösen Sie außerdem folgende Aufgabe:
   - Welche Fläche müßte ein Landwirt mit Zuckerrüben bebauen, um sein Benzinauto (Benzin-Jahresverbrauch ca. 2000 l) auf Ethanol umzustellen?
   - Wie groß ist die Prozeßenergie für die Destillation?
   - Wie groß ist die chemische Energie der gesamten Ethanolmenge?

Vorgaben:

    Mehrverbrauch: Ethanol/l : Benzin/l = 1,2 : 1
    Zuckergehalt der Rübe: 15 Gew %
    Ernteertrag: 40 t Zuckerrüben/ha
    Prozeßwirkungsgrad der Destillation: 70 %

Ethanolgehalt im vergorenen Substrat: 8 Vol-%

Dichte des Substrates: 1000 kg/m^3

8.6 Anhang zu Versuch 8

Anhang A: Lösungen der Verständnisfragen

1. Zur Alkoholerzeugung werden insbesondere Hefekulturen (Saccharomyces cerevisiae) eingesetzt. Es gibt aber auch alkoholbildende Bakterienstämme.
2. Die Mikroorganismen brauchen als Ausgangssubstanz Zucker; allerdings kann auch über Vorstufen stärke- oder zellulosehaltige Biomasse umgesetzt werden.
3. Ausgangssubstrat und -konzentration (Zuckergehalt),pH-Wert, Gärtemperatur.
4. Zucker → Ethanol + Kohlendioxid
   $$C_6H_{12}O_6 \rightarrow 2\ C_2H_5OH + 2\ CO_2 \tag{8.1}$$
   180 (100)g → 92 (51)g + 88 (49)g
5. Es entstehen Kohlendioxid und Wasser.
6. Siedetemperatur: 78,3 °C, Heizwert: 21,2 MJ/l.
7. Ethanol kann zur Beleuchtung, zum Kochen oder als Treibstoff genutzt werden.
8. Die meiste Energie wird bei der Destillation gebraucht.
9. Destillation ist ein Trennverfahren von Flüssigkeitsgemischen, das durch die unterschiedlichen Siedetemperaturen der einzelnen Flüssigkeiten möglich wird.

Anhang B: Lösung der Beispielaufgabe

1. Benötigte Fläche

$$\text{Benzinverbrauch} \cdot \text{Mehrverbrauch} = \text{Ethanolverbrauch} \tag{8.2}$$

2000 l · 1,2 = 2400 l

$m = V \cdot \rho = 2400\ l \cdot 0,79\ kg/l\ = 1896\ kg \sim 1900\ kg$

Aus 180 g Zucker können 92 g Ethanol entstehen (s. Lösung Frage 4), d.h. für 1900 kg Ethanol werden 3720 kg Zucker benötigt.

Ein Zuckergehalt der Rübe von 15 Gewichtsprozent ergibt 24 800 kg Zuckerrüben, d.h. es sind 0,62 ha Ackerfläche nötig.

2. Prozeßenergie für Destillation

Mit einem Substratvolumen V = 2400 l / 0,08 = 30000 l und

der Verdampfungswärme = 840 kJ/kg wird

$$Q_{\text{prozess}} = (Q_{\text{Erwärmung}} + Q_{\text{Verdampfung}}) \, / \, h \qquad (8.3)$$

$$= (m_{\text{Substrat}} \cdot c_{\text{Substrat}} \cdot \Delta \vartheta + m_{\text{Ethanol}} \cdot r) \, / \, h$$

$$= (30000\text{kg} \cdot 4{,}2 \text{ kJ/(kg K)} \cdot (78{,}5\text{-}15) \, \_C + 1900\text{kg} \cdot 840\text{kJ/kg})/0{,}7$$

$$= (8190000 \text{ kJ} + 1596000 \text{ kJ}) \, / \, 0{,}7$$

$$= 13{,}98 \cdot 10^6 \text{ kJ} \sim 14 \cdot 10^3 \text{ MJ}.$$

3. Chemische Energie der gesamten Ethanolmenge

$$Q_{\text{heiz}} = m \cdot H_u \qquad (8.4)$$
$$= 1900 \text{ kg} \cdot 26{,}8 \text{ MJ/kg}$$
$$= 50{,}9 \cdot 10^3 \text{ MJ}.$$

9 Erzeugung von Biogas

A. Neskakis und L. Wagner

9.1 Versuchsziel

Ziel des Versuchs ist die Herstellung von Biogas aus einem definierten Ausgangssubstrat. Dabei sollen die eingesetzten und entstehenden Materialien bei
der Stoffumsetzung qualitativ und quantitativ ermittelt werden.

Der Einfluß von eingesetztem Substrat, Substratkonzentration, Gärtemperatur
und des pH-Wertes auf die Gärdauer und Gasausbeute soll untersucht werden.
Da die Versuche relativ lange dauern, werden die einzelnen Versuchsergebnisse
der Praktikumsgruppen am Ende des gesamten Praktikums diskutiert. Nach
Beendigung (bzw. nach dem Abbruch) der Gärung wird das erzeugte Biogas
verbrannt.

Zur beschleunigten Gärung wird der Fermenter beheizt. Eine Energiebilanz
von eingesetzter (Heiz-) Energie und erhaltener (chemischer) Energie in Form
des Biogases schließt die Versuchsauswertung ab.

9.2 Einige Grundlagen

Biogas ist ein Gasgemisch aus Methan (CH_4) und Kohlendioxid (CO_2). Das Gas
entsteht durch Vergärung von organischen Materialien unter Ausschluß von
Sauerstoff (O_2). Diesen Prozeß nennt man anaerobe Methangärung. In der Natur
findet dieser Vorgang überall dort statt, wo man anaerobe Bedingungen vorfindet
(z.B. in Sümpfen oder den Sedimentationsschichten ruhender Gewässer).

Ausgangsstoffe für die industrielle Methangewinnung sind Stallmist, Pflan-
zenabfälle, Rückstände der Nahrungsmittelproduktion und Faulschlamm. Alle
enthalten abbaubare Stoffe wie Proteine, Fette oder Kohlenhydrate (Stärke oder
Zellulose). Holz ist für die Biogaserzeugung nicht verwertbar, Schwermetalle,
Antibiotika und Desinfektionsmittel wirken hemmend auf die Faulung.

Die Abbaudauer ist abhängig von den speziellen Mikroorganismen und deren
optimalen Wachstumstemperaturen (Tabelle 9.1).

Tabelle 9.1 Fauldauer von Mikroorganismen

Mikroorganismen	Temperatur °C	Fauldauer Tage
psychrophil	15	90-120
mesophil	35	25-30
thermophil	55	ca. 10

Die Biogasproduktion läuft grundsätzlich in drei Schritten ab:

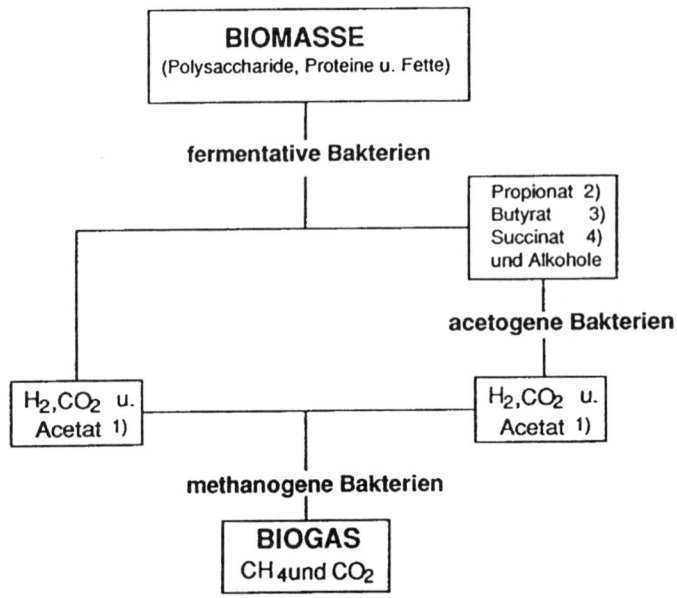

1) CH_3-COOH (Essigsäure)
2) CH_3-CH_2-COOH (Propionsäure)
3) CH_3-CH_2-CH_2-COOH (Buttersäure)
4)   HOOC-CH_2-CH_2-COOH (Bernsteinsäure)

Abb. 9.1 Prozeßschritte der anaeroben Methanfermentation

Das Herzstück einer Biogasanlage ist der Faulturm (Bioreaktor), in dem das organische Material (Substrat) zu Biogas vergoren wird. Dieser Faulturm muß die von den Mikroorganismen benötigten Lebensbedingungen bereitstellen, d.h.:

•   er muß beheizbar sein,
•   er braucht eine Vorrichtung zur Messung und Regulierung des pH-Wertes, der zwischen 6,5 und 7,5 liegen sollte,
•   er muß ein Rührwerk besitzen, damit die verschiedenen chemischen Verbindungen überall in ähnlicher Konzentration vorliegen und Schwimm- und Sinkschichten vermieden werden.

Das entstehende Gas enthält neben den beiden Hauptprodukten CH_4 (ca. 2/3 Volumenanteile) und CO_2 (ca. 1/3 Volumenanteile) noch geringe Mengen von N_2, H_2, O_2 und H_2S. Es hat einen Heizwert von 20-23 MJ/m^3 (d.h. ca. 6,5 kWh/m^3).

In der Regel wird Biogas in einem Speicher zwischengelagert, bevor es der weiteren Verwendung zugeführt wird. Danach wird es wie jedes andere Gas zur Energieerzeugung eingesetzt. Die ausgefaulte Biomasse kann zur Düngung benutzt werden.

Biogasanlagen können sowohl kontinuierlich als auch diskontinuierlich betrieben werden:

Gasproduktion kontinuierlich: Man führt ständig Substrat zu und entfernt fortlaufend den ausgegorenen Faulschlamm.

Gasproduktion diskontinuierlich: Man setzt einen Faulturm an, läßt ihn gären und setzt nach dem Ausgären wieder neu an.

9.3 Verständnisfragen zum Versuch

1. Was versteht man unter „anaeroben Mikroorganismen"?
2. Welche Mikroorganismen sind an der anaeroben Methangärung beteiligt?
3. Welches sind die Hauptparameter für eine kurze Gärdauer und eine optimale Gasausbeute?
4. Warum sollte das Substrat im Bioreaktor während der Gärung gerührt werden?
5. Aus welchen Hauptbestandteilen besteht Biogas?
6. Warum muß man das Eindringen von Luft in Biogasanlagen unbedingt vermeiden?
7. Welche Hauptprodukte entstehen bei der Verbrennung von Biogas?
8. Woher kann man die Energie zum Beheizen des Bioreaktors nehmen?
9. Welche Spurenelemente begrenzen in der Regel das Wachstum von Mikroorganismen?

9.4 Versuchsaufbau

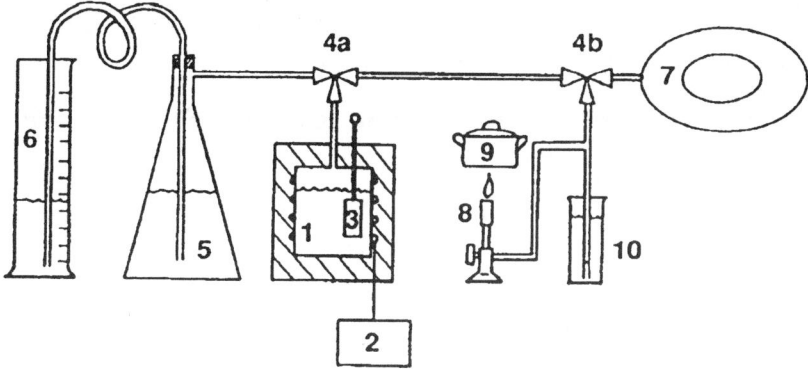

Abb. 9.2 Versuchsanlage zur Erzeugung von Biogas

1. Isolierter Fermenter
2. Geregelte Heizung
3. Rührer
4. a 3-Wege-Hahn
4. b 3-Wege-Hahn
5. Kolben
6. Meßzylinder
7. Schlauchspeicher
8. Brenner
9. Gefäß zum Erhitzen von Wasser
10. Druckmeßeinrichtung

9.5 Aufgabenstellung/Versuchsdurchführung

Der Versuch soll in 3 Stufen durchgeführt werden:

1. Anfahren der Anlage
2. Betrieb der Anlage
3. Verwendung des erzeugten Biogases und der ausgefaulten Substrate.

Dabei sollen alle wichtigen Parameter (Materialien, Mengen, Temperaturen, etc.) protokolliert werden, um bei der Auswertung Edukte, Betriebsführung und Produkte in Relation setzen zu können.

Hinweise zur Sicherheit:

Das Eindringen von Luftsauerstoff muß unbedingt vermieden werden, da sonst ein explosives CH_4/O_2-Gemisch entsteht! Explosionen, die durch Methan-Sauerstoff-Gemische entstehen, haben beispielsweise als Grubengasexplosionen traurige Berühmtheit erlangt.

Zur anaeroben Nahrungskette gehören auch Clostridien (Erreger des Wundstarrkrampfes). Daher ist jeder Kontakt mit dem Faulschlamm zu vermeiden! Dies gilt vor allem für nicht geimpfte Personen und Personen mit offenen Wunden.

9.5.1 Anfahren der Anlage

1. Bauen Sie die Apparatur nach Abb. 9.2 auf!
2. Ansetzen des Substrates: Mischen Sie trockenen Mist (z.B. Huhn) 50 g bis 100 g, Gartenerde ca. 100 g, Holzspäne ca. 50 g, Wasser ca. 1,5 l, Impfschlamm ca. 0,5 l (z. B. aus einer Kläranlage). Notieren Sie die gemessenen Massen bzw. Mengen!
3. Bestimmen Sie den pH-Wert und stellen Sie ihn mittels Natronlauge bzw. Salzsäure auf 6,5 bis 7,5 ein!
4. Befüllen Sie den Fermenter!
5. Schließen Sie den Fermenter und schalten Sie die Heizung ein! Stellen Sie die Temperatur auf 25, 30 oder 35 °C ein! Rühren Sie während der Aufheizphase das Substrat gelegentlich um.
6. Die Hähne sind so zu stellen, daß das Gas in die Kolbenflasche strömt.

9.5.2 Betrieb der Anlage

7 - 14 Tage lang und 1 - 2 mal täglich ist folgendes zu tun:

1. Rühren Sie das Substrat um!
2. Erfassen Sie Gasproduktion und Heizenergie!
3. Leiten Sie das erzeugte Gas in den Gasspeicher!

4. (Ventile in entsprechende Stellung bringen und Meßzylinder anheben. Das zurückströmende Wasser drückt das Gas in den Schlauch. Im Schlauch zwischen Meßzylinder und Kolbenflasche muß immer Wasser sein.).
5. Bringen Sie die Hähne wieder in Ausgangsstellung!

9.5.3 Anwendung

1. Bringen Sie den Hahn in die Stellung, in der das Gas zum Brenner strömt!
2. Belasten Sie den Schlauchspeicher mit Gewichten und erzeugen Sie damit einen Druck von ca. 10 cm Wassersäule!
3. Erhitzen Sie Wasser über dem Brenner und schreiben Sie die Erwärmungskurve mit (zum Vergleich kann dieser Versuch mit einem Gas mit definiertem Heizwert wiederholt werden)!
4. Bestimmen Sie den pH-Wert des ausgefaulten Substrats!
5. Entleeren und reinigen Sie den Fermenter!

9.5.4 Auswertung

1. Erstellen Sie Diagramme zur Tagesgasproduktion und Gesamtgasproduktion und geben Sie dazu die Parameter der Betriebsführung an!
2. Geben Sie die Gasmenge bezogen auf die Trockenmasse an!
3. Stellen Sie die entstandene Gasmenge und die eingesetzte Heizenergie in Relation!
4. Erstellen Sie die Temperaturkurve als Funktion der Zeit während des Erhitzens des Wassers mit dem Biogasbrenner!
5. Beschreiben Sie kurz die Theorie!
6. Beschreiben Sie kurz die Versuchsdurchführung!
7. Lösen Sie außerdem folgende Aufgabe:

In einem Gehöft mit Land- und Viehwirtschaft sollen die Heizung und Warmwasserbereitung von Heizöl auf Biogas umgestellt werden. Ein elektrischer Herd soll durch einen Biogasherd ersetzt werden. Für die Heizung werden 6000 l Heizöl pro Winterhalbjahr verfeuert. Die Warmwassererzeugung ist konstant über das Jahr verteilt und benötigt 1000 l Heizöl. Zum Kochen werden pro Jahr 3000 kWh Strom benötigt. Die Rinderherde befindet sich im Sommerhalbjahr tagsüber auf der Weide, im Winter im Stall.

*   Wie groß sollte die Herde sein, um den oben genannten Bedarf zu decken, wenn unterstellt wird, daß der Gaseigenbedarf der Biogasanlage im Winter 35% und im Sommer 20% beträgt?
*   Die Biogasanlage (insbesondere Fermenter- und Speichergröße, Speichervolumen für ca. 1 Tag) ist überschlägig zu dimensionieren!
     Vorgaben: Bruttogasausbeute: $1,5\ m^3/GVE{\cdot}d$,
                       Heizwert Biogas: $6,5\ kWh/m^3$,
                       Heizwert Heizöl: $40\ MJ/l$,
                       Gülleanfall: $50\ l/GVE{\cdot}d$.
*   Was geschieht mit dem Überschußgas?

Zum Vergleich seien hier Daten von realisierten Anlagen angegeben (9.5):

Viehbestand:	50 - 100 GVE
Landwirtschaftliche Nutzfläche:	20 - 40 ha
Fermentergröße:	50 - 100 m^3
Faultemperatur:	30 - 35 °C
Bruttogasmenge (Rind):	1,08 m^3/GVE· d
Prozeßgasmenge (Rind):	30,5 %
Gaszusammensetzung:	65 % CH$_4$; 0,22 % H$_2$S; Rest CO$_2$
Nettoenergiemenge	4,9 kWh/GVE · d
Gasspeichergröße	0,65 m^3 /GVE .

9.6 Anhang zu Versuch 9

Anhang A: Lösungen der Verständnisfragen

1. Anaerobe Mikroorganismen sind Kleinstlebewesen, die bei Abwesenheit von Sauerstoff die besten Lebensbedingungen haben.
2. Fermentative, acetogene und methanogene Bakterien.
3. Ausgangssubstrat und -konzentration, Homogenität des Substrates (Rühren), pH-Wert, Gärtemperatur.
4. Das Substrat soll gerührt werden, um Schwimm- und Sinkschichten zu vermeiden und das Substrat homogen zu halten.
5. Biogas besteht zu ca. 2/3 aus Methan und 1/3 aus Kohlendioxid. In geringen Mengen findet man außerdem Schwefelwasserstoff, Wasserstoff, Sauerstoff und Stickstoff.
6. Es kann ein explosives Gemisch aus Methan und Sauerstoff entstehen. Die anaeroben Bakterien können in ihrer Effektivität beeinträchtigt werden.
7. Es entstehen Kohlendioxid und Wasser.
8. Der Fermenter wird über Wärmetauscher durch warmes Wasser beheizt, das durch das Biogas selbst erwärmt wird.
9. Für den Aufbau und den Stoffwechsel von Bakterien müssen neben Kohlenstoff, Sauerstoff, Wasserstoff und Stickstoff hauptsächlich die Elemente Schwefel und Phosphor und weitere Spurenelemente wie Eisen, Natrium, Kalium, Calcium etc. in ausreichendem Maße vorhanden sein.

Anhang B: Lösung der Beispielaufgabe

1. Jahresenergiebedarf entsprechend Tabelle 9.2

(Umrechnung 1 kWh = 3,6 MJ beachten!):

Tabelle 9.2 Energiebedarf für Sommer-und Winterhalbjahr

	Sommerhalbjahr		Winterhalbjahr
Heizen	-		6000 l· 40 MJ/l =
			240000 MJ =
			66666,66 kWh
Warm-wasser	500 l · 40 MJ/l = 20000MJ	=	500 l · 40 MJ/l =
	5555,55 kWh		20000MJ =
			5555,55 kWh
Kochen	1500,00 kWh		1500,00 kWh
Gesamt	7055,55 kWh		73722,22 kWh
Gerundet	7000,00 kWh		73700,00 kWh

Da von einem Gas-Tages-Speicher ausgegangen wird, soll hier nur das Winterhalbjahr berücksichtigt werden, d.h.:

Energiebedarf / Heizwert von Biogas = Nettogasbedarf

73700 kWh / 6,5 kWh/m^3 = 11300 m^3(65%)
Gaseigenbedarf(Prozeßenergie) = 6100 m^3(35%)
ergibt Bruttogasbedarf 17400 m^3 (100%).

Tagesbedarf für Winterhalbjahr: 17400 m^3/180 d = 97 m^3/d
Es gilt:

Anzahl GVE = Tagesbedarf / Bruttogasausbeute einer GVE
= (97 m^3/d) / (1,5 m^3/d) = 64,4 GVE.

Mit 1 GVE (Großvieheinheit) = 500 kg Lebendgewicht = 1 Rind ergibt sich, daß die Herde mindestens 65 Rinder haben sollte.

2. Fermentergröße (Speicheranlage)

Volumen = Anzahl GVE · Gülleanfall/GVE · Verweilzeit
= 65 GVE · 50 l/(GVE· d) · 30 d = 97,5 m^3
Der Fermenter sollte also ein Volumen von ca. 100 m^3 haben.

3. Gasspeichergröße (Winterbetrieb)

Volumen = Netto-Tagesproduktion · Speicherzeit
= 65 GVE · 1,5 m^3/GVE · d · 0,65 · 1d = 63,4 m^3

Als Tagesspeicher wird also ein Volumen von ca. 65 m^3 benötigt.

4. Überschußgas (z.B. im Sommer) muß abgefackelt werden, wenn keine weitere Nutzungsmöglichkeiten (z.B. Trocknung von Erntegut) gegeben sind.

Literaturverzeichnis

Literatur (Auswahl) zu Kapitel 1

1. Kleemann, M.; Meliß, M.: Regenerative Energiequellen. Berlin, Springer-Verlag, 1993 (2. Auflage)
2. Krug, W: Solartechnik. Vorlesungsskript FH Aachen, Abt. Jülich 1994
3. Duffie, J.A.; Beckmann, W.A.: Sonnenenergie. München, Pfriemer-Verlag, 1976
4. Twiddel, Weir : Renewable Energy Resources. London, & F.N. Spon Ltd., 1986
5. Bansal, N.K.; Hauser, G.; Minke, G.: Passive Building Design. Elsevier Science B.V., 1994
6. Global-Challenges-Network (Greenpeace Magazin), Heft 1, 1995
7. Deutscher Wetterdienst (DWD), Meteorologisches Observatorium Hamburg, 1992

Literatur (Auswahl) zu Kapitel 2

1. Kleemann, M.; Meliß, M.: Regenerative Energiequellen. Berlin, Springer-Verlag, 1993 (2. Auflage)
2. Krug, W: Solartechnik. Vorlesungsskript FH Aachen, Abt. Jülich 1994
3. Schüle, R.; Ufheil, M.: Thermische Solaranlagen, Marktübersicht 1994/95. Öko-Institut, Freiburg
4. Goetzberger, A.; Wittwer, V.: Sonnenenergie. Stuttgart, B.G.Teubner-Verlag, 1986
5. Fisch, M.N.: Solartechnik I. Vorlesungsskript an der Universität Stuttgart, Institut für Thermodynamik und Wärmetechnik, 1992
6. VDI 2067 Blatt 4, 1982
7. Luboschik, U.; Peuser, F.A.: BINE-Informationspaket Sonnenenergie zur Warmwasserbereitung und Raumheizung. Verlag TÜV-Rheinland, 1988
8. Peuser, F.A.; Croy, R.: Erfahrungen mit Solaranlagen zur Warmwasserbereitung. Zentralstelle für Solartechnik, 1991
9. Recknagel/Sprenger; Höhmann, H. (Hrsg.): Taschenbuch für Heizung- und Klimatechnik. Oldenbourg-Verlag, 1988/89
10. Weik, H.; Engelhorn, H.: Wärme und Strom aus Sonnenenergie. Solar Energie-Technik GmbH Altlußheim, 1990
11. Schweizer Bundesamt für Konjunkturfragen: Solare Wassererwärmungsanlagen. Impulsprogramm Haustechnik. Bern, Eidgenössische Drucksachen- und Materialzentrale, 1988

12. RWE Bau-Handbuch: Technischer Ausbau. Energie-Verlag GmbH, 1993.
13. Kirfel, R.: Auslegung einer solaren Warmwasseranlage für das Altenheim in Kairouan (Tunesien). Diplomarbeit SS 1991 an der FH Aachen, Abt. Jülich
14. Finck, H.; Oelert, G.: Investitionen im Energiebereich. Schriftenreihe der GTZ Nr. 133, 1983
15. Wagner, H.J. et al.: Ermittlung des Primärenergieaufwandes und Abschätzung der Emissionen zur Herstellung und zum Betrieb von ausgewählten Absorberanlagen zur Schwimmbadwassererwärmung und von Solarkollektoren zur Brauchwassererwärmung. Gesellschaft der Förderer von Systemforschung und technologischer Entwicklung e.V. (gste), 1994

Literatur (Auswahl) zu Kapitel 3

1. Molly, J.-P.: Windenergie -Theorie, Anwendung, Messung. Karlsruhe, Verlag C.F. Müller, 1990; Berlin, Springer-Verlag, 1988
2. Kleemann, M.; Meliß, M.: Regenerative Energiequellen. Springer Verlag, Berlin 1993 (2. Auflage)
3. Schatter, W.: Windkonverter - Bauarten, Wirkungsgrade, Auslegung. Braunschweig/Wiesbaden, Vieweg- Verlag, 1987
4. Gasch, R.: Windkraftanlagen: Grundlagen und Entwurf. Stuttgart, Teubner-Verlag, 1991
5. Rotarius, Th.: Windkraft nutzen , Ratgeber für Technik und Praxis. Rotarius Verlag, D-35091 Cölbe, 1993
6. DEWI - Magazin: Der Wind in der Windenergie. Wilhelmshaven, Deutsches Windenergie-Institut, 1991

Literatur (Auswahl) zu Kapitel 4

1. Bergmann / Schäfer: Lehrbuch der Experimentalphysik,Bd. 6 - Festkörper. Berlin, de Gruyter-Verlag, 1992
2. Goetzberger, A.; Voß, B; Knobloch, J.: Sonnenenergie: Photovoltaik - Physik und Technologie der Solarzelle. Stuttgart, Teubner-Verlag,1994
3. Häberlin, H.: Photovoltaik - Strom aus Sonnenlicht für Inselanlagen und Verbundnetz. Aarau / Schweiz, Aargauer Tagblatt Verlag, 1991
4. ISET Kassel; TÜV Rheinland: Installation von PhotovoltaikAnlagen. TÜV Rheinland / Druckerei, 1992
5. Kleemann, M.; Meliß, M.: Regenerative Energiequellen. Berlin, Springer-Verlag, 1993 (2. Auflage)
6. Köthe, H. K.: Stromversorgung mit Solarzellen. München, Franzis-Verlag, 1991 (2. Auflage)
7. Ladener, H.: Solare Stromversorgung - Grundlagen, Planung, Anwendung, Freiburg, Ökobuch, 1995
8. Lippold, H.; Trogisch, A.; Friedrich, H.: Solartechnik - Thermische und fotoelektrische Nutzung der Solarenergie. Berlin, Ernst & Sohn,1984
9. Overstraeten, R. J. Van; Mertens, R. P.: Physics, Technology and Use of Photovoltaics. Bristol (England), Hilger, 1986

10. Räuber, A.; Jäger, F. (Hrsg.): Photovoltaik : Strom aus der Sonne; Technologie, Wirtschaftlichkeit und Marktentwicklung. Karlsruhe, C. F. Müller GmbH, 1990

11. Schmid, J.: Ein Informationspaket Photovoltaik: Direktumwandlung von Sonnenlicht in Strom (BINE). Köln, Verl. TÜV Rheinland GmbH, 1988

12. Weik, H.; Engelhorn, H.: Wärme und Strom aus Sonnenenergie. Altlußheim, Solar Energie-Technik GmbH, 1990

13. Winter, C.-J.; Sizmann, R. L.; Vant.Hull (Eds): Solar Power Plants - Fundamentals, Technology, Systems, Economics. Berlin, Springer-Verlag, 1991

14. DIN EN 60904-3: Photovoltaische Einrichtungen, Teil 3: Meßgrundsätze für terrestrische photovoltaische (PV) Einrichtungen mit Angaben über die spektrale Strahlungsverteilung, 4/1995. (Deutsche Fassung der europäischen Norm EN 60904-3, 1993 und der internationalen Norm IEC 904-3, 1989: Photovoltaic Devices, Part 3: Measurement principles for terrestrial photovoltaic (PV) solar devices with reference spectral irradiance data)

15. IEC Publication 891, 1987: Procedures for temperature and irradiance corrections to measured I-V characteristics of crystalline silicon photovoltaic devices

16. DIN 5031: Strahlungsphysik im optischen Bereich und Lichttechnik. Berlin, Beuth, 1982

17. DIN 5489: Vorzeichen und Richtungsregeln für elektrische Netze. Berlin, Beuth, 1968

Literatur (Auswahl) zu Kapitel 5

1. Barthels, H.: Der Wasserstoff und seine Umwandlung über den Elektrolyse- und Brennstoffzellenprozess. Vorlesungsskript zur „Einführung in das Solarpraktikum" Fachhochschule Aachen, Solarinstitut Jülich, 1994

2. Ebert, H.: Elektrochemie - Grundlagen und Anwendungsmöglichkeiten. Vogel-Verlag, Würzburg, 1972

Literatur (Auswahl) zu Kapitel 6

1. Ganser, B.: Verfahrensanalyse: Wasserstoff aus Methanol und dessen Einsatz in Brennstoffzellen für Fahrzeugantriebe. Berichte des Forschungszentrums Jülich (Jülich: KFA, Jül-2748), 1993

2. Ganser, B./ Höhlein, B./ Von der Decken, C.-B.: Das Umweltpotential von Methanol für Brennstoffzellen in Fahr-zeugantrieben. VDI-Gesellschaft Fahrzeugtechnik (Hrsg.), VDI-Berichte 1020 (Düsseldorf: VDI-Verlag), 1992; S. 341-357

3. Heinrich, H.; Decker, G.; Wegener, R.: Alternative Kraftstoffe - Chancen und Risiken aus der Sicht von Volkswagen. VDI-Gesellschaft Fahrzeugtechnik (Hrsg.), VDI-Berichte 1020 (Düsseldorf: VDI-Verlag), 1992; S. 37-68

4. Höhlein, B.: Neue Energieträger für den Verkehr. Monographie Nr. 5 (Jülich: Forschungszentrum Jülich GmbH), 1991

5. Huss, H.-U.: Wasserstoff-Anwendung in Stadtbussen. VDI-Gesellschaft Energietechnik (Hrsg.), VDI-Berichte 912 (Düsseldorf: VDI-Verlag), 1992; S. 191-207

6. Juffernbruch, R.; Kolke, R.: Energieumwandlungsketten für den Verkehr: Vergleich von Energiebilanzen und CO_2-Emissionen. Diplomarbeit FH Aachen, Abt. Jülich, 1993

7. Mauracher, P.: Ermittlung des Energiebedarfs von Elektrofahrzeugen. Energiewirtschaftliche Tagesfragen (1992) 11, S. 765-770

8. Reister, D.; Regar, K.-N.: Von der Änderung von Serienfahrzeugen zur zielgerichteten Entwicklung - BMW-Konzept für Elektrofahrzeuge. VDI-Gesellschaft Fahrzeugtechnik (Hrsg.), VDI-Berichte 1020 (Düsseldorf: VDI-Verlag), 1992; S. 375-387

9. Wagner, U.: Spezifische Emissionen bei elektrischen und konventionellen PKW-Antrieben. VDI-Gesellschaft Energie-technik (Hrsg.), VDI-Berichte 985 (Düsseldorf: VDI-Verlag), 1992; S. 181-192

10. Birkle, S.; Kircher, R.; Nölscher, C.; Voigt, H.; Ganser, B.; Höhlein, B.: Brennstoffzellenantriebe für den Straßenverkehr. Energiewirtschaftliche Tagesfragen 44 (1994); S. 441 - 448

11. Düsterwald, H. G.: Energieumwandlungsketten für den Verkehr, Vergleich von limitierten und klimarelevanten Emissionen. master thesis (1994), RWTH Aachen

12. Hansen, J.B.; Aasberg-Petersen, K.; Höhlein, B.: Fuel processing for mobile fuel cell application. In: "Fuel Cells For Traction Applications", Symposium at the Royal Swedish Academy of Engineering Sciences (IVA), Stockholm, Sweden, February 8 (1994)

13. Kircher, R.; Birkle, S.; Nölscher, C.; Voigt, H.: PEM fuel cells for traction: system technology aspects and potential benefits. In: „Fuel Cells For Traction Applications", Symposium at the Royal Swedish Academy of Engineering Sciences (IVA), Stockholm, Sweden, February 8 (1994)

14. Höhlein, B.; Ganser, B.; Juffernbruch, R.; Kolke, R.; Birkle, S.; Voigt, H.: Energieumwandlungsketten für den Straßenverkehr im Vergleich - Energiebedarf und CO_2-Emissionen. Energiewirtschaftliche Tagesfragen 42 (1993); S. 828-835

15. Schmidt, V.M.; Bröckerhoff, P.; Höhlein, B.; Menzer, R.; Stimming, U.: Utilisation of methanol for polymer electrolyte fuel cells in mobile systems. Journal of Power Sources 49 (1994); S. 299 - 313

16. UBA 1994 Daten zur Umwelt 1992/93 Umweltbundesamt, Berlin (1994)

17. Höhlein, B.; Ganser, B.: Environmental Potential of Methanol for Fuel-Cell-Powered Vehicles. 26th International Symposium on Automotive Technology and Automation, Aachen, Germany, 13th - 17th Sept. 1993

18. Biedermann, P. et al.: Energy Conversion Chains and Legally Restricted Emissions for Road Traffic in Germany. 27th International Symposium on

Automotive Technology and Automation, Aachen, Germany, 31st Oct. - 4th Nov. 1994

19. Biedermann, P; Höhlein, B.; Voigt, H.; Kircher, R.: Mobile Elektrizitäts-erzeugung in Fahrzeugen, Vergleich verschiedener Pkw-Antriebssysteme. Mitteilungen Haus der Technik, Essen, Dez. 1994

20. Straßer, K.: Brennstoffzellen für Elektrotraktion, VDI Berichte Nr. 912, 1992

Literatur (Auswahl) zu Kapitel 7

1. Kleemann, M.; Meliß, M.: Regenerative Energiequellen. Berlin, Springer-Verlag, 1993 (2. Auflage)
2. Köthe, H. K.: Stromversorgung mit Solarzellen. München, Franzis-Verlag, 1991 (2. Auflage)
3. Ladener, H.: Solare Stromversorgung für Geräte, Fahrzeuge und Häuser. Freiburg : Ökobuch, 1987
4. Jäger, F.: Photovoltaik, Strom aus der Sonne. Karlsruhe, Verlag C.F. Müller GmbH, 1986
5. BINE: Photovoltaik, Direktumwandlung von Sonnenlicht in Strom, Verlag TÜV-Rheinland
6. Muntwyler, V.: Praxis mit Solarzellen. München, Franzis-Verlag, 1991
7. Atlas über die Sonnenstrahlung Europas, Band 2, Verlag TÜV Rheinland, 1984

Literatur (Auswahl) zu Kapitel 8

1. Kleemann, M.; Meliß, M.: Regenerative Energiequellen. Berlin, Springer-Verlag, 1993 (2. Auflage)
2. Jagnow, G.; Dawid, W.: Biotechnologie. Ferdinand Enke Verlag, 1985
3. Schlegel, H.G.: Allgemeine Mikrobiologie. Georg Thieme Verlag, 1985

Literatur (Auswahl) zu Kapitel 9

1. Braun, R.: Biogas-Methangärung organischer Abfallstoffe.Springer Verlag, 1982
2. Kleemann, M.; Meliß, M.: Regenerative Energiequellen. Berlin, Springer-Verlag, 1993 (2. Auflage)
3. Jagnow, G.; Dawid, W.: Biotechnologie. Ferdinand Enke Verlag, 1985
4. Schlegel, H.G.: Allgemeine Mikrobiologie. Georg Thieme Verlag, 1985
5. Schulz, H.: Erhebung von Daten aus Praxis-Biogasanlagen Endbericht zum Forschungsvorhaben, Landtechnik Weihenstephan, März 1989

Sachverzeichnis

Springer
und
Umwelt

Als internationaler wissenschaftlicher
Verlag sind wir uns unserer besonderen
Verpflichtung der Umwelt gegenüber
bewußt und beziehen umweltorientierte
Grundsätze in Unternehmens-
entscheidungen mit ein. Von unseren
Geschäftspartnern (Druckereien,
Papierfabriken, Verpackungsherstellern
usw.) verlangen wir, daß sie sowohl
beim Herstellungsprozess selbst als
auch beim Einsatz der zur Verwendung
kommenden Materialien ökologische
Gesichtspunkte berücksichtigen.
Das für dieses Buch verwendete Papier
ist aus chlorfrei bzw. chlorarm
hergestelltem Zellstoff gefertigt und im
pH-Wert neutral.

Springer